职场潜规则
员工读本

ZHICHANG QIANGUIZE
YUANGONG DUBEN

杨丽娟◎编著

专为现代员工解读职场种种秘密的一本书！

潜规则冠冕堂皇，潜规则威力无穷；潜规则无处不在，潜规则无所不能。
职场潜规则让你看透职场的本质；职场潜规则让你看清表象背后的真实。
要想进军职场，必先悟透职场潜规则；要想在职场中有所作为，更要悟透职场潜规则。

中国言实出版社

图书在版编目(CIP)数据

职场潜规则员工读本/杨丽娟编著.
—北京:中国言实出版社，2012.1
ISBN 978-7-80250-675-6

Ⅰ.①职…
Ⅱ.①杨…
Ⅲ.①成功心理—通俗读物
Ⅳ.①B848.4-49

中国版本图书馆 CIP 数据核字(2011)第 235955 号

出版发行 中国言实出版社
地　址:北京市朝阳区北苑路 180 号加利大厦 5 号楼 105 室
邮　编:100101
电　话:64924716(发行部)　64924735(邮　购)
64924880(总编室)　64914138(四编部)
网　址:www.zgyscbs.cn
E-mail:zgyscbs@263.net

经　销 新华书店
印　刷 北京毅峰迅捷印刷有限公司
版　次 2012 年 3 月第 1 版　2012 年 3 月第 1 次印刷
规　格 710 毫米×1000 毫米　1/16　14.5 印张
字　数 180 千字
定　价 32.00 元　ISBN 978-7-80250-675-6/B·265

前言

什么是职场潜规则？顾名思义，就是看不见的、没有明文规定的，却又实际起作用的规则。

职场中，有些规则是人人了然于心的，更有些是清清楚楚、明明白白、白纸黑字书于墙上的；而有些规则却像水底的暗礁，碰撞者容易触礁遇险，甚至人毁船倾，功亏一篑。职场中明了潜规则不但可以安然避过危险，在需要的时候还可用以保护自己战胜对手。同大自然的优胜劣汰、适者生存的法则一样，不遵守或不知遵守职场潜规则的人，将被淘汰出局。

“潜规则”往往成了主导职场人士成败的关键。职场中有许多不公平的现象：有能力的人常常被压制和排挤，而有些人虽然没什么过人的才能和出色的业绩，却能平步青云；有业绩的人常常得不到奖励，而与上司关系亲密的人却好运连连……很多事例看似想不通，但仔细想一想，往往能豁然开朗：这正是职场里潜规则的巨大作用。

了解并使用职场潜规则，是在职场中成长与发展的必需手段。纵观职场中的失败者和受挫者，所受的致命伤很少是来自于正面的竞争对手，相反，绝大部分都伤在脊背，毫无疑问，这是潜规则的威力。无数能力卓越的所谓人才经过一番搏杀之后，最后败走麦城，黯然离场；打败他们的，往往不是比他们更能干的人，而是一些平庸的人。这种劣币驱逐良币的现象，在职场中屡见不鲜。不懂职场潜规则，就将永远是成功的门外汉，空有满腔的抱负，却无施展的舞台。有能力未必是精英；有忠诚未必获得信任；埋头苦干，未必得到肯定。不懂潜规则，必然处处碰壁。渴望成功的能人很多，但真正成功的很少，原因就在于其中绝大多数只看到表面规则，认为业绩、能力、贡献决定一切，真相却往往并非如此。

巧妙地应对潜规则，熟谙职场潜规则，是在职场中生存发展很重要的一个方面。为此，我们精心编著了《职场潜规则员工读本》一书分门别类地把“职场潜规则”生动地阐述出来，以非常实际的事例和语言说出职场生存的方法和技巧，结合职场真实故事，详细讲述了多种职场生存手段，深刻剖析了职场中不为人知的成功秘密，告诉你什么是必须做的、什么是可以做的、什么是万万不能做的。相信读者定能从中受益，开启一道智慧之门，帮自己越过职场的雷区，走向成功。

目 录 Contents

潜规则一 “面子”有时候比“里子”还重要

两个能力相当的人，一个外表整洁大方，礼仪周全，而另一个则仪容邋遢、不修边幅，哪一个升职得快？不用说，大家也知道。虽说职场永远是能力第一，但别以为形象可以忽略不计，很多时候，“面子”也很重要，这就是潜规则。在职场中，形象就是一个人的面子，代表着个人的品位，暗示着个人的能力，对外代表上司和公司的形象。每个人在不同的职业场合都扮演着不同角色，而形象则是演好角色的道具。

潜规则二 练出办事的“眼力见”

一个人能不能在职场上站得住、行得开，重要的一点在于会不会办事儿，能不能把一件事办好。办事能力不在于你有多大企盼和多大热情，而是看你用什么方法、

潜规则四　有“关系”胜过有能力

若想在职场中游刃有余，就必须上有靠、下有落，要学会在自己身边编织关系网。朋友多了路好走，要知道无论你取得什么成就，主要取决于那些对你有信心并信任你的朋友们。相交的人多了，好朋友多了，机遇才会增多，多结善缘才能使自己左右逢源。

潜规则五　永远尊重领导的权威

领导是公司的代表，职场里没有“不正确的领导和上级”。和你的上司搞好关系，永远是职场中人必须熟记的生存潜规则。服从上司，不管对的错的，听从才是上策。同上司的良好沟通是你的职业生涯能否成功的关键。

潜规则六　能借力才能更有力

俗话说“一个篱笆三个桩，一个好汉三个帮”。职场里每一个成功者的道路都洒满他人汗水。职场里所有人都好似蜡烛要点燃自己并且照亮别人，如果你只照亮自己，你的前途将一片黑暗；如果你只照亮别人，你将成为灰烬。因此，一个人要想获得事业上成功，除了靠自己的努力奋斗外，还要借助他人的力量才能事半功倍。

潜规则七　老板需要能臣，但更喜欢忠臣

蒙牛董事长牛根生关于人才有一段著名的话：有德有才，破格重用；有德无才，培养使用；有才无德，限制录用：无德无才，坚决不用。这里的“德”极其重要的一部分就是忠诚。忠诚，更多的是一种职业道德：不出卖公司的利益，不做损害公司利益的事情，不做吃里爬外的事情。可以说，忠诚而有能力的员工，是每一个领导都梦寐以求的人。

潜规则八　会干比肯干更吃香

职场成功需要智慧,员工必须学会思考,善于用智慧的头脑去解决工作生活中的一切问题。一个知名企业的老总时常这样对员工说:"我们的工作,并不是要你耗费体力、耗费时间去拼命,而是要你带着大脑去工作,要巧干,而不是蛮干。"蛮力并不能解决问题,巧干却能事半功倍。在任何时候都要做一个有头脑、有智慧的员工,懂得思考,讲究方法,不一味蛮干,更不能投机取巧。

潜规则九　小人物能起大作用

职场中,对于大人物我们一般都会小心翼翼地应付,不敢有半点怠慢,而对于小人物,我们往往会在不经意间弄得他们很没面子。但你要明白,小人物可能帮不上你的忙，却能够坏你的事。应当切记：不到万不得已不得罪小人物。

潜规则十　难得糊涂

职场中糊涂与清醒本在一念之间，参照物不同，得出的结果自然也不同。其实，糊涂一点会使事情容易办好，这是职场里糊涂潜规则的基本思想。水至清则无鱼。如果人事事都认真，怕是没法活了，何况每一件事都得认认真真、紧紧张张，也没有人会受得了。该认真时需认真，不该认真时不认真，这才是职场的智慧。

附 录

潜规则一

“面子”有时候比“里子”还重要

两个能力相当的人，一个外表整洁大方，礼仪周全，而另一个则仪容邋遢、不修边幅，哪一个升职得快？不用说，大家也知道。虽说职场永远是能力第一，但别以为形象可以忽略不计，很多时候，“面子”也很重要，这就是潜规则。在职场中，形象就是一个人的面子，代表着个人的品位，暗示着个人的能力，对外代表上司和公司的形象。每个人在不同的职业场合都扮演着不同角色，而形象则是演好角色的道具。

1 职场不“以貌取人”，但肯定会以形象取人

职场奉行的永远是能力第一的铁律，这让很多有才有能的人非常自信。总是以为凭借自己的能力一定可以要风得风，要雨得雨，如鱼得水，游刃有余。但很多时候结果却并非像他想象的那样，反倒是那些能力平平却长于打扮、处处“讲究”的人升得飞快，成为老板的红人。这很让人们不解——难道“能力第一”的铁律也过时了吗？其实不是，而是这些人只注意到了职场的“显规则”，却没有发现职场还有“潜规则”。而潜规则的第一条就是：“面子”有时候比“里子”更重要！这说明你的职业形象有时候比你的职业能力更重要。

其实职业形象只是职业能力的一个方面，但却是最直观最显眼的方面，一眼就能看得见，因而更受大家的关注。因为从一个人的形象往往可以看出其生活态度、生活质量和个人素质、道德情操等，由此可以推测出其对事业的态度。

职业形象，是指职场中个人在公众面前树立的印象。它是通过衣着打扮、言谈举止、外貌形象所反映出个人的专业态度、技术和技能等。一个人的外在的表现，不仅是外界观察你的渠道，也是你借此向外界传达有关自己的内在信息的途径。你的世界观、你的工作态度和生活态度、你的心胸气度、你的人际和谐程度、你与环境的适应度……都会通过仪表表达出来，正因为此，职业形象才至关重要。职业形象包括多种因素：外表形象、知识结构、品德修养、沟通能力，等等。

职业形象是个人职业气质的符号，是从最外在的形象表现出的一个职业人士的知识、品位、道德修养以及职业能力的方式。正因为一个人所

有内在的涵养都会通过外在的形象展示无遗，因而，职业形象就是一个职员给人的最直接的印象，是精明干练还是细心谨慎，是绵里藏针或是外强中干都可以从职业形象中窥见，所以职业形象对职业命运就有着至关重要的决定性作用。这也是职场潜规则普遍存在的一个原因。

如果我们说职场是一个以貌取人的地方，可能有很多人表示反对，但是，如果说一个人的职业形象会影响到他的职业生涯，估计有很多人都会举手赞成的。老板也许并不会以貌取人，但他绝对会以形象取人，因为你的形象代表了你的内在的品质和气韵。

一名硕士毕业生接到了一家大型公司的面试通知，通知他星期一上午九点到公司所在地参加面试，并接受有关专业知识方面的考核。

这名硕士毕业生很是兴奋，因为这家公司是世界五百强公司里面很有实力的，能获得到这样公司工作的机会，简直太幸运了。

星期日的晚上，他的心里异常激动，原来的基础就好，这几天又这么努力，自己的专业知识肯定没问题，可是，每当他想到自己要和几十个和自己一样优秀的人才竞争，他的心里就十分不安。于是，他晚上翻来覆去也睡不着，爬起来又对过去的知识作了温习。最后，他觉得没什么问题了才和衣而睡。

也许是太疲劳了，第二天醒来后已经快到面试时间了，他匆匆忙忙从床上爬起来，快速地洗漱一番，衣服也来不及换就赶往面试地点。

等他到达的时候，正轮到他去面试。他深呼吸了一下，然后镇定地走进面试的房间。在面试的时候，有一个人和他一起。他们被问及专业知识的时候，回答得都很正确。可是，结果出来后，公司只录用了和他一起面试的那个小伙子。他心里感到很不平衡，于是就找到主考官问明缘由。

主考官说：“你们两个人的专业知识不相上下，但是你的仪表不符合我们公司用人的标准。你的西服的纽扣系错了，领带也没有系好，你的头发又长又乱，更重要的是你的精神状态很不好。我们公司是一家大企业，也是一家讲究科学工作方式的企业,容不得一丝的马虎和不注重仪表的行为。”

这是典型的形象胜过能力的职场例子。职场里潜规则就是这样。有时候,能力固然重要,但能力的体现所需要的时间很长,不是一朝一夕就能发现的,而仪表却能给人最直观的印象,因此招聘者往往从个人的言谈举止和外貌着装等方面进行综合考察。如果你的仪表的某个细节不符合主考官的意愿和要求,那么面试成功的几率就很小了。

所以,职场里员工别以为有能力就行,还要注意形象。有“里子”还要有“面子”,不仅要让自己的“里子”厚实,更要让自己的“面子”好看,才能真正成为职场骄子,成功的宠儿。这是你不可不知的职场潜规则。

2 “面子”是职场的敲门砖

在工作中,职业形象代表着个人的品位,暗示着个人的能力,可以说就是一个人的面子。它在外则代表了你的上司和公司的形象。每个人在不同的职业场合都要扮演不同的角色,而形象正是演好这一角色的道具。因此,在职场中,形象就是一个人的面子。

一位举止文雅的女客户来到某手机营业厅,驻足于新品展区,细看一款刚刚上市的手机。客服人员安妮这时从室外回来,见展品没有人负责,忙走过去。安妮站在这位客户右侧,笑着问道:“您对这款手机很感兴趣对吗?”同时,安妮右手轻轻将展品取出,两手轻托,送至客户面前,“您可以亲自感受一下这款手机的触感、功能……”这位客户没有接手机。说道:“本来我对这款手机挺感兴趣,可是我看到你现在的形象,突然对这里的服务有些怀疑。你们营业厅里客服人员的形象没有要求吗?”客户说完便转身离开了营业厅。安妮很诧异——自己一直很注重仪表啊！但她还是去仪表镜前照了照,这一照不要紧。安妮发现鞋子上沾了很多灰尘,头发也有些凌乱,原来自己未整理仪容仪表就出现在了客户面前。安妮郁闷得直跺脚。

职场里良好印象是一种无形资产,是员工展现职业风范、取得客户信任的关键。如果我们不想失去任何为客户服务的机会,就必须重视印象的重要作用,遵照心理学原理训练自己的印象塑造能力,提高自己给客户留下的印象分。这也是职场里的一个重要潜规则。

心理学研究发现,与一个人初次打交道的45秒钟内,即可以片面的资料为依据形成第一印象,这个印象直接影响他人的认知,并使之在头脑中形成难以改变的心理定势。这就是心理学中的“第一印象效应”。心理学家曾做过这样一个实验:把被测试者分成甲、乙两组,并让他们看同一张照片。心理学家告诉甲组:“这是一个屡教不改的罪犯。”而告诉乙组:“这是一位著名的科学家。”看完照片后,两组被测试者被要求根据这个人的外貌来分析其性格特征。结果,甲组说:“深陷的眼睛隐藏着险恶,高耸的额头表明了他死不改悔的决心。”而乙组说:“深沉的目光代表他思维深邃,高耸的额头显露出了他作为科学家的探索意志。”

这个实验表明,如果第一印象形成的是肯定的心理定势,会使人在后继了解过程中偏向发掘对方美好的品质;如果第一印象形成的是否定的心理定势,则会使人在后继了解过程中多偏向于揭露对方令人厌恶的品质。是什么原因造成这样的印象差异呢?

心理学家进一步研究发现,外界信息输入大脑时的顺序决定着人们的认知效果。先输入的信息作用最大,后输入的信息次之。同时,人们习惯于按照先接收的信息解释后接收的信息,即使后接收的信息与先接收的信息不一致，也会屈从于先接收的信息，以形成整体一致的印象。

对员工来说，了解职场潜规则，是在职场中顺利成长与发展的必需手段。职场第一印象是敲门砖，是一个人的职场面子，只有第一印象打好了，我们才有机会与客户进行下一步的交流。因此，与客户沟通前，我们要事先设计好塑造第一印象的各大要素，并根据客户的性格特点、要求等完善第一印象。在我们真正了解一个人之前，我们往往会注意一个人的服饰和仪表，并由此产生先入为主的好恶。如果他的样子顺眼，我们就会在他身上寻找其他好的特质；如果他的样子不讨人喜欢，我们会倾向于探求他不良的特质，以便支持我们的第一次判断。由此看来，一个人给人的第一个印象是很难遗忘的。所以，良好的第一印象是进行人际交往、获得他人认同的重要职场潜规则。

3 人靠衣装马靠鞍

职场里，“人靠衣装”这句话永远是对的。注重形象，其实反映出一种积极的工作态度。员工个人的形象，不仅仅是由大节构成的，每一个小小的细节都展示给观察者一个无限的想象空间，它们在无声地揭露你的现状，悄悄地告诉人们你的故事。人们在它们的指导下，回忆你成长的历程、体验你生长的家庭和环境背景。

有一位先生要雇一名勤杂工到他的办公室做事，为此，他在报纸上登了一则广告。广告登出之后，有 50 多人前来应聘，但这位先生只挑中了一个刚出校门的男孩。

这个结果被这位先生的一位朋友知道了，他问这位先生：“我想知道，你为何喜欢那个男孩，他既没带一封介绍信，也没受任何人的推荐。”显然，他觉得结果不可思议。

“你错了，”这位先生说，“他带来许多介绍信。他在门口蹭掉脚下带的土，进门后随手关上了门，说明他做事小心仔细；当看到那位残疾老人时，他立即起身让座，表明他心地善良、体贴别人；进了办公室他先脱去帽子，回答问题干脆果断，证明他既懂礼貌又有教养。”

这位先生接着说：“其他人都从我故意放在地板上的那本书上迈过去，而这个男孩俯身捡起那本书，并放回桌子上。当我和他交谈时，我发现他衣着整洁，头发梳得整整齐齐，指甲修得干干净净。难道你不认为这些细节是极好的介绍信吗？我认为这比介绍信更为重要。”

在美国的一次职场形象的调查中，76％的人根据外表判断别人，60％的人认为外表和服装反映了一个人的社会地位。毫无疑问，服装在视觉上传递你所属的社会阶层的信息，它也能够帮助人们建立自己的社会地位。在大部分社交场所，你要看起来就属于这个阶层的人，就必须穿得像这个阶层的人。正因如此，很多豪华品牌的服装，虽然价格高得惊人，却不乏众多的消费者。了解这一职场潜规则，是在职场中成长与发展的必需手段。我们不妨想一想自己身边的人，那些穿着不凡而出众的人，自然会让我们另眼相看。而对于那些衣衫不整的人，我们会低估他们的能力和品位。服装在事业上的作用不但不可忽略，而且相当重要。无论选择雇员还是提升职员，如果面临着竞争，我们可能更容易倾向于那个穿着出色者，因为庄重而有品位的着装能够赢得我们的信任。

美国《时代周刊》被誉为“美国第一位服饰工程师”的约翰·摩洛埃曾经作了这样一个有关服装的研究：

他派一位上层社会出身的大学生去100家公司，每家公司老板都事先通知秘书，这是他新招聘的一位助理，当老板不在公司的时候，请秘书听助理的指挥。而助理通常都是要求秘书提供3份职员的个人档案。实验将100个企业分成两组，第一组，助理穿着高档服装，头发梳理得一丝不乱，一副成功人士的打扮。在第二组里，助理穿着普通服装，十足一个刚毕业的学生模样。有意思的事情发生了，在第一组试验时，几乎所有的秘书都有求必应，其中42次在10分钟之内，助理要的3份员工档案到位；第二组里，也就是穿着普通服装的时候，助理受到了冷遇，1/3的秘书表情冷淡或有微词，10分钟内员工档案到位的情况只有12次，其余以各种理由推脱或不理。

尽管这个实验没有说明那些冷淡的秘书的心态，但根据心理学的知识可以猜测，他们当时可能在心里暗暗嘀咕：哼，也不看看自己什么人，就来指挥我。这个试验让我们重新认识了服装的作用，它不仅仅是遮羞、保暖和美化生活，它还是一个职业人士不可不知的潜规则。所以你在从事工作时，服装应该穿得大方、得体、给客人以美感，把高贵和尊贵留给了客人，这就是你的最佳着装。

4 看起来像个绅士或淑女

一个人的职业形象需要塑造，但是千万不要以为职业形象只是发型、衣着等外表的东西，现代意义的形象是包括仪容（外貌）、仪表（服饰、职业气质）以及仪态（言谈举止）、行为规范、专业形象等方面，其中最为讲究的是形象与职业、地位的匹配。一个好的职业形象，不光是把自己打扮成多么美丽或英俊，最主要的是要做到自身发型服饰、气质、言谈举止与职业、场合、地位以及性格相吻合。其中最重要的当然是要体现出你在职业领域的专业性，任何使你显得不够专业化的形象，都会让人认为你不适合你的职业。

同时，对于职场潜规则来说，职业化形象也是你在自我思想、追求抱负、个人价值和人生观等方面与社会进行沟通并为之接受的方法。职业化形象是要体现出你在该职业领域的专业性。任何使你显得不够职业化的形象，都会让人认为你不适合你的职业。如果你想事业有成，首先你得让人看起来就有可能成为事业有成的人士。

当然，良好的职业形象绝非一朝一夕就能养成，它必须经过精心的策划和长期的磨炼。当今时代是一个张扬个性、丰富多彩的时代，个人形象的设计不但要根据行业统一标准的基础而定，也要协调自我的喜好、兴趣。

在职场里，职业化形象塑造的核心是构建个人职业品牌，树立个人在本职与岗位上的良好口碑！成熟稳重得体合度是职业形象塑造的关键，所以在日常工作中一定要注意表现出自身的成熟、端庄以及专业。衣着要得体洁净，妆容要整洁自然，等等。

良好的个人形象可以作为协调同事关系的润滑剂，绝对有助于你在人际关系上的拓展。大凡职场人士都会讲究与周围环境的和谐性。这也是重要的职场潜规则。

李娜大学毕业后，应聘到一家广告公司做企划。那时，她完全不懂得穿衣打扮之道，也不知道怎么修饰自己的外表，常常因为穿衣打扮太随便、太老土而被一群外表精致、身着正装的女同事耻笑，甚至被孤立起来。李娜一度为此焦虑，索性辞职了事。

随后，李娜跳槽到另外一家科技公司后，她吸取前面的教训：常常穿着时尚前卫的衣着，化点淡妆。然而，情况还是不妙，这家公司的员工都不太讲究穿着装扮，一个个都比较随意，而她出彩的妆容使她俨然一派

“明星”架势。一些女同事甚至议论:“每天打扮得这么时尚干吗?办公室又不是搞T台秀的地方。”她又成了众矢之的。于是,她为了不被众人排斥,又换回了原来的自己,公司的同事们也愿意接纳她了。

身在职场,大多数时候,人还是需要讲究和环境的协调性。假如你给人的感觉总是让人觉得太“另类”,这样的话,对于你工作的拓展肯定没有帮助,当然寻求人缘的道路也就更加封闭了。所以你个人形象的重要性也就不言而喻了。

此外,职场里一个人最吸引我们的,通常不是容貌的美丽,而是举止的优雅。如果有人问:什么样的人才最优雅?也许有人说是帅哥、美女,或者那些看起来特别冷酷的年轻人,但大部分人回答的是“有教养的人”。一个人,不管家庭出身如何高贵,长得多么漂亮、受过多高的教育,一旦表现得暴戾、唐突、残忍、尖刻和任性,就会被打上粗俗的烙印。职场中谁会喜欢这样的人呢?

人们常把英国男人说成是优雅的绅士,为什么?因为大部分英国男人都很有教养,很有礼貌。

一次,英国政治家斯蒂芬·道格拉斯在参议院开会时,一个政敌对他出言不逊,用非常恶毒的话侮辱了他。他站起身来,平静地说道:“这不是从一个绅士的口中说出的话,你不要指望绅士会做出回答。”

还有一个例子。在伦敦,一个青年妇女疾步穿过街道拐角,不小心和人撞上了。那是一个要饭的小孩,衣衫褴褛,几乎被撞倒。女士赶紧刹住脚步。转过身子,声音非常柔和地说:“请原谅,孩子,撞到你了,真对不起。”小孩睁大了眼睛看了她一会,然后摘下帽子,向她深深鞠了一躬,脸上却洋溢着快乐的笑容。

英国政治家柴斯特菲尔德说:“一个人只要自身有教养,不管别人举止怎么不适当，都不能伤他一根毫毛，他自然就给人一种凛然不可侵犯的感觉，同时也会受到所有人的尊重。而没有教养的人，容易让人生出厌恶的心理。”

教养虽然不像房子、车子、财产那样能夺人目光，但它同样也是一种财富。而且它所产生的力量是金钱所不能企及的。有些事情无论你说多少花言巧语，用多少利益诱惑、到头来就是“此路不通”，不能尽如人意；然而，有教养内涵的往往不用花费多少口舌、劳力、财力便能达成目标。因为教养能够让别人感到心情愉悦，能够让别人认为你是个可靠的人、优雅的人。所以，从现在开始，你做什么事情，举手投足之间都要表现得有教养、有内涵。

了解职场潜规则，是在职场中成长的必需手段。在现实职场中，有相当数量的人只注意穿着打扮，并不怎么注意自己的气质是否给人以美感。诚然，美丽的容貌，时髦的服饰，精心的打扮，都能给人以美感。但是这种外表的美总是肤浅而短暂的，如同天上的流云。转瞬即逝。如果你是有心人，则会发现，气质给人的美感是不受年纪、服饰和打扮局限的。

一个人的真正魅力主要在于特有的气质，这种气质对同性和异性都有吸引力。这是一种内在的人格魅力。所以，职场里的你做事情要看起来像个绅士或淑女，能忍辱谦让，关怀体贴别人。这样的人更能获得大众的欢迎。

5 礼多人不怪，有礼走遍天下

职场里，礼仪是个人、组织外在形象与内在素质的集中体现。于个人来讲，礼仪既尊重别人同时也是尊重自己的体现，在个人事业发展中起着重要作用。它能提升人的涵养,增进了解沟通,细微之处显作用。对内可融洽关系,对外可树立形象,营造和谐的工作和生活环境。

礼仪包括仪容仪表、待人接物、礼节等各方面,它贯穿于日常工作及生活交往中的点滴之中,打招呼、握手、递名片、入座等司空见惯的行为也有很多的学问与规矩。我们在工作中常常不经意间在稀松平常的事情上做出的动作可能正是不符合礼仪要求的,但正是这些被人们认为稀松平常的事却体现出一个人的涵养来。

有一家著名的外国公司打算在中国寻找一个合作伙伴,携手开拓中国市场。消息一经传出,众多中国公司都跃跃欲试。毕竟机会难得,若能与此外国公司合作,不仅会有利于本公司的发展,而且会大大提高本公司的知名度。经过激烈的角逐,最终有一家××公司获得了这家外国公司的青睐。为了考察这家××公司的真正实力,外国公司特派出几名代表去参观××公司。

××公司对代表们的到来表示热烈欢迎。总经理亲自陪同代表们参观公司总部及各下属企业。这家公司的实力确实十分雄厚,但总经理及其他接待人员的一些做法却让代表们连连摇头。乘车时,总经理总是先上车,然后才请代表们上车;乘有专人服务的电梯时,总经理总是抢先进去,再让代表们进去;对于参观计划,公司也安排得一团糟,浪费了代表们不少宝贵的时间……

在代表们回去的当天,××公司就收到了外国公司发来的传真。传真上写道:“不能与贵公司合作,我们深表遗憾。但是,一个连基本的商务接待礼仪都不懂的公司,我们很难相信它会有发展前途……”

俗话说“礼多人不怪”,这其实也是一种职场潜规则。懂礼,知礼,行礼,不仅不会被别人厌烦,相反还会使别人尊敬你,认同你,亲近你,无形之中拉近了同他人的心理距离,也为日后合作共事创造了宽松的环境,反之，若不注重这些细节问题，犯了“潜规则”就可能使人反感，甚至会使关系恶化，合作的机会相反就会更少。

翔宇化妆品公司和一飞化妆品公司是长期的合作伙伴关系。一天，翔宇公司的张总去拜访一飞公司的王总，探讨一下新产品开发中所出现的问题以及新产品开发出来后的销售问题。

张总被秘书领进了王总的办公室。王总的办公室里还有一个人，张总并不认识他。王总看到张总，热情地跟他打招呼，却并没有向他引见另外的那个人。张总正要开口询问，王总问道：“张总，新产品开发中所出现的问题解决得怎么样了？”张总于是把问题一一说给王总听。两人简单地分析了一下问题，都觉得有必要开个会议详加研究一下，于是决定明天召集两家公司的相关负责人一起开会讨论，争取拿出解决的方案来。

随后，张总和王总又谈到产品的销售问题。王总建议把新产品给北京的四海公司代理销售。张总立刻表示反对，高声说道：“四海公司？这家公司的信誉极差，员工的素质又低，你难道不知道吗？我真不知道四海公司的总经理到底懂不懂管理。把咱们的产品给它去销售，还不如直接扔到海里去呢！”张总一口气说完，却见王总在不停地对他使眼色。张总在心里纳闷是不是自己说错了什么话。这时，那个一直坐在那里一言不发的人站起身来告辞，王总客气地把他送出门外。

王总回来后，急忙对张总解释道：“哎呀，刚才那个人就是四海公司的总经理啊！你说话的时候怎么也不注意一点呢？这下可把他给得罪了！”张总愣了愣，说：“这怎么能怪我呢？我又不认识他，我进来的时候你也没给我介绍，我哪知道他就是四海公司的总经理啊……”

从上面的故事中我们可以看出礼仪的重要性。礼仪直接体现了一个人的思想道德水平、文化修养和处世交际能力，对个人工作和生活的顺利与否有着至关重要的影响。尤其在中国这个以“礼仪之邦”著称的国家里，礼仪已经如血液一般渗透在人们生活的方方面面，以至于人们往往凭礼仪上的短暂印象来判断一个人是否值得交往。总之，有礼走遍天下是重要的职场潜规则，是在职场中生存的必需手段。我相信，一个有礼的职场人士，在任何地方都是受人欢迎的。

6 职场称谓就是一个面子

在我国，深厚的礼仪底蕴决定了对称呼的严格要求，不称呼或乱称呼对方，都会给对方带来不快。俗话道："交往，礼貌当先；交谈，称谓当先。"使用称谓，应当谨慎，稍有差错，便会贻笑于人。恰当地使用称谓，是职场潜规则，是在职场中重视他人的一种手段，是工作交往顺利进行的重要一步。

有一个大学生在毕业前夕找工作。一天，他在网上看到了一家著名公司的招聘信息，这家公司的实力、招聘职位、待遇等都符合他的要求。他很高兴，觉得机会难得，于是赶紧给这家公司写了封求职信，并随信附上了一份简历。但是由于他不知道人事部主管招聘的人员的姓名和性别，所以他就猜测用"亲爱的某某小姐，你好"来作为求职信的开头。然后，他迫不及待地把信邮了出去。

公司主管招聘的是一位年近50的女士。她拆开信，刚看到开头就把信扔到了垃圾箱里。当然，那个可怜的大学生最终也没有等到这家公司的面试通知。

职场中的称呼至关重要，是一个人社会地位的面子，它是进一步交往的基础。称呼的基本规范是要表现尊敬、亲切和文雅,使双方心灵沟通,感情融洽,缩短彼此之间的距离。

依照惯例,在工作中,最正式的称呼有以下三种:

1. 称呼职务名称

在职场中,尤其是在对外界的交往中,此类称呼最为常用。它意在表示交往双方身份有别。具体做法上可以仅称呼职务,如“董事长”、“总经理”、“主任”等等;可以在职务前加上姓氏,如“王董事长”、“张总经理”、“李主任”等等。

2. 称呼技术职称

对于具有技术职称者,特别是具有高、中级技术职称者,在工作中可直称其技术职称,以示对其敬意有加。具体做法上可以仅称职称,如“教授”、“律师”等等;可以在职称前加上姓氏,如“常律师”、“龙教授”等等。

3. 称呼通行尊称

通行尊称,亦称泛尊称,它通常适用于各类被称呼者。诸如“您”、“同志”、“先生”、“小姐”等等,都属于通行尊称。不过其具体适用对象亦小有差别:对自己人,宜称之为“同志”;对外人,则宜称其为“先生”或“小姐”。一般而言,男性称“先生”,女性未婚者称“小姐”,女性已婚者或不明确其婚否者则称“女士”。在公司、外企、商店、宾馆等地,这种称呼较通用。

在职场中不称呼对方就直接开始谈话是非常失礼的行为。这种行为不仅使对方觉得不受尊重和重视,而且会觉得你过于唐突,缺乏商场上的人必备的素质。职场人士在正式场合假如采用低级庸俗的称呼,是既失礼又失自己的身份的。诸如“哥们儿”、“兄弟”、“小妞”等等,均不宜出自职场人士之口,否则会显得使用这种称呼的人档次不高,缺乏修养。

在非正式的场合中,若是双方关系很熟,可以互相喊绰号。但是在正式的场合之下,当面以绰号称呼他人是不尊重对方的表现。无论双方的关系有多么好,一旦到了正式场合,就得使用正式的称呼。

此外,有些称呼,具有很强的地方色彩,诸如“爱人”、“对象”、“师傅”、

“伙计”、“小鬼”等。一旦对其不分地域和对象地滥用,往往就容易出错。职场人士要同全国各地甚至世界各国的人打交道,所以在工作中要尽量避免这类称呼。这一点在职场潜规则中十分重要。

7 尊重是最起码的给面子

人人都最爱惜自己的面子,都需要尊重。尊重是职场交往的基础,是人际间最起码的礼貌。尊重别人,也就是尊重自己。尊重是沟通人们心灵的桥梁。任何人想要赢得他人尊重,必须先尊重别人。这是重要的职场潜规则。

尊重就是人们对一个人品性、才识所作的肯定和赞誉,以及由于这种肯定和赞誉而生发的不可轻慢的情感。尊重是一种对他人的宽容,是一种微笑的大度。不懂得尊重别人的人,说明他的修养不够。也说明他不懂得这一职场潜规则。

职场里,如果我们留心观察的话,就会发现,那些尊重别人、维护别人人格尊严的人最受大家的欢迎,而那些对他们满不在乎、不尊重他人的人,别人对他也会满不在乎和不尊重。

汤姆·韦思原先在通用电气部门的时候,是个技术天才,但后来调到计算部门当主管后,却被发现非其所长,不能胜任。但公司领导不愿伤他自尊,毕竟他是个不可多得的人才——何况他还十分敏感。于是,领导给了他新头衔:通用公司咨询工程师——工作性质仍与原来一样——而让别人主管那个部门。

此事汤姆很高兴。

通用公司领导也很高兴，因为他们终于把这位易怒的明星遣调成功，而没有引起什么风暴——因为他仍保留了面子。

保留他人的面子是职场里十分重要的问题！而不懂潜规则的人却很少会考虑到这个问题。我们常喜欢摆架子、我行我素、挑剔、恫吓、在众人面前指责同事或下属，而没有考虑到是否伤了别人的面子。其实，只要多考虑几分钟，讲几句关心的话，为他人设身处地想一下，就可以缓和许多不愉快的场面。

一位先生在闲暇时找朋友联络联络感情，两人对弈。一上手，他就对朋友猛攻猛杀，搞得朋友顾前难顾后，十分紧张。而且，他自以为棋术高超，故意露了一个破绽，朋友发现，立即进攻，不想他使出杀着，还得意地说“你死定了”。把朋友弄得灰头土脸，朋友自然不大高兴。此后，这位先生再去找朋友，人家就一副爱理不理的样子，再不肯与他下棋，他却始终不明白为什么。

本来是一场轻松、愉快的友谊赛，却搞得紧张不堪，赢了棋，却失去了朋友。由此可见面子的重要。

《圣经·马太福音》有句话：“你希望别人怎样对待你，你就应该怎样对待别人。”这句话被大多数西方人视作是工作中待人接物的“黄金准则”。真正有远见的人不仅要在与同事一点一滴的日常交往中为自己积累最大限度的“人缘儿”，同时也会给对方留有相当大的面子。

职场里给别人留面子，其实也就是给自己挣面子。言谈交往中要了解这一职场潜规则，少用一些“绝对肯定”或感情色彩太强烈的语言，而适当多用一些“可能”、“也许”、“我试试看”和某些感情色彩不强烈，褒贬意义不太明确的中性词，以便自己“伸缩自如”是相当可取的。

汤姆和乔治原来是很好的同事和朋友，可最近却关系紧张，大有“割袍断义”之势。不明真相的人以为他们之间肯定是发生了天大的事情，否则形影相随的两个人绝不至于搞成这个样子。可事实上远没有那么严重，他们只是为了一粒纽扣而已，一粒最多价值几分钱的纽扣。乔治新近买了一套非常满意的高档西服，却刚穿不到一周就丢了一粒关键部位的纽扣，惋惜之余偶然发现整日挂在洗手间的那件不知是哪位清洁工的工作服上的扣子，与自己丢失的纽扣简直如出一辙，遂乘人不备悄悄地扯下了一粒，打算缝到自己的衣服上滥竽充数，并得意地将此“妙计”告诉了汤姆。不料未出数日，多数同事都知道了乔治的这个笑料——汤姆竟然在大庭广众之下拿这件事跟乔治开玩笑，弄得当时在场的人都笑做一团，而乔治也终因太没面子而恼羞成怒，反唇相讥，大揭汤姆的许多很令其丢面子的“底牌”，于是乎后果也就可想而知了。

人人都有自尊心和虚荣感，甚至连乞丐都不愿受嗟来之食，因为太伤自尊、太没面子，更何况是原本地位相当，平起平坐的同事。但很多人却总爱扫别人的兴——当面令同事面子难保，以致当面撕破脸皮，因小失大。

因此，纵使别人犯错，而我们是对的，我们也应该为别人保留面子，否则就会毁了一个和谐的职场局面。

8 人活一张脸，树活一层皮

人要脸，树要皮。这个俗语很巧妙地道出了面子里子的辩证关系。中国人的好面子，就好比英国人爱绅士；法国人求浪漫；美国人尚自由。

这也是中国职场里无处不在的潜规则。

在职场里,面子是世俗中的孔雀,在人群中尤其在穿绸裹缎的人群中总要抖开羽毛,以展示自己的美丽。要面子的人也像孔雀一样,总喜欢在大庭广众之间说些漂亮话,尽管很难兑现,但听者得到了慰藉,彼此都保住了面子。面子之所以能够风行于世,因它具有世俗力量,又不受法律约束,因而能在世故常情中发挥作用。

据说翻盖手机在中国流行原因就与中国人爱面子有关系。对翻盖式手机尤其是韩国三星、中国的TCL的凶猛攻势,直板式手机的集大成者诺基亚,直到2004年下半年才推出了翻盖手机。西方的手机厂商不明白,为什么翻盖手机在中国流行,而在西方的接受程度却非常低。后来,一位手机经销商揭开了这个秘密——翻盖式手机在开合时会发出一声脆响,容易引起旁人的关注,所以更有面子。

人生在世,理论上说是为自己活着,而现实生活却逼迫人们不得不为别人而活。换句话说,人本应该是为里子活着,但现实生活没有道理地要求人们必须为面子活着。因为没有面子,就丧失了尊严。从古至今,我们做的很多事都是为了面子。只不过有时是为了自己的面子,有时则是为了别人面子。甚至男人为了面子宁愿选择死亡的例子有很多。古语中有句话:士可杀不可辱。在古代战争中,每位将士被俘虏后遭到敌人的戏弄时最喜欢说的正是士可杀不可辱。你要么就杀了我,要么就不要玩我。如果你玩我,那么我活着没面子,还不如死去。俘虏们为了面子而选择死亡,这种行为是高贵的,比什么都值钱。一代英雄项羽的乌江自刎就是个为了面子而死的典型例子。他打了败仗后跑到乌江,本来他是可以乘坐渔船逃回江东的,但他放弃了。因为他觉得无颜见江东父老,没有面子回去面对他的乡亲父老了,结果他选择了自刎。他的死成全了他的面子,成全了一代英雄的气节。

所以,中国人常说人为一口气,佛为一炷香。不能不给面子,不能扯破脸,更不能颜面扫地。很显然,面子是职场中不可回避的潜规则。如今,生活中爱面子的人也很多。一位朱先生就是这样一个人。

一日朱先生和侄儿去购物,见着需要的东西,大家都想买。侄儿刚参加工作,连吃饭尚还紧张,自然没钱可掏了,朱先生亦不想再做冤大头,就没有如昔般积极付账。售货员机警:“一看你就是有钱,有地位讲义气的人,那点小钱你还在意”一句话噎得朱先生半天喘不过气来,尽管要花朱先生五百多元钱,但为显示自己有地位,也只好把手缓缓地伸向钱包。

有时朋友相聚,朱先生一向不胜酒力,但朋友一句“这点面子也不给吗?”一杯下肚,几轮下来,稍有推辞就被说成是没有酒品,这多失面子呀,于是乎,牙一咬,心一横,又是一个底朝天,那样子就如英雄含笑赴刑场般大显凛然之气,回家后却头重脚轻,痛苦不堪。

朋友有事相求,朱先生明知出于自己能力之外,但一句“咱俩什么交情,这点面子你能不给”,便咬着牙四处奔走,求爷爷、告奶奶,事一办成,人也轻松大半。

在复杂的职场里,“面子”的含义不一而足。你敬我一尺,我还你一丈,人情就是面子。一个篱笆三个桩,一个好汉三个帮,关系就是面子。

职场人士很奇妙,可以吃闷亏,可以吃暗亏,但就是不能吃“没有面子”的亏,所以在职场里求生存,必须了解到这一点,这也就是很多明了职场潜规则的人不轻易在公开场合说一句批评别人的话的原因,宁可高帽子一顶顶的送,既保住别人的面子,别人也会如法炮制,给你面子,彼此一团和气,共同搞好工作。

9 给人情，留后路

在职场里，人们总是尽其全力来保持颜面，为了面子问题，可以做出常理之外的事。在知道人们是如何地注重面子之后，还必须尽量避免在公众的场合内使你的对手难堪，必须时时刻刻提醒自己不要做出任何有损他人颜面的事。可见，潜规则的把握也是一个技巧活。

杰克每年都会受邀参加某单位的杂志评审工作，这个工作在当地非常具有荣誉感，很多人想参加却找不到门路，多数人只参加一两次，就再也没有机会了！杰克年年有此“殊荣”，让大家都羡慕不已。

杰克在年届退休时，有人问他其中的奥秘，杰克微笑着告诉了奥妙所在。他表示自己的专业眼光并不是关键，本身的职位也不是重要，他之所以能年年被邀请，是因为他很会给别人“面子”。

杰克在公开的评审会议上一定会所握一个原则“多称赞鼓励，少批评论断”。但会议结束之后，他会找来杂志的编辑人员，私下再告诉杂志编辑的真正缺点。

因此，虽然杂志有先后名次，但每位编辑也都保住了面子。也正是因为他顾虑到别人的面子，承办该项业务的人员和各杂志的编辑人员，都很尊敬与喜欢杰克，当然也就每年找他当评审了。

在职场中，“面子”是一件很重要的事。不少人为了“面子”，小则翻脸，大则会闹出人命；如果你是个对“面子”冷感的人，那么你必定是个不受欢迎的人；如果你是个只顾自己，却不顾别人面子的人，那么你必定是个有天会吃暗亏的人。因此,你要永远记住一个物理的反应:一种行为必然引起相对的反应行为。只要你有心,只要你处处留意给人面子,你将会获得天大的面子。

工作中,给人面子并不难,只要多加称赞少作批评就行了,这不但是给人面子的相互尊重,同时也是一种非常有效的工作技巧,因为给别人面子,你才能够有面子。职场里年轻人常犯的毛病就是自以为有见解,自以为有口才,逮到机会就大发宏论,把别人批评的脸一阵红一阵白,他自己则大呼痛快。其实这种举动是一种不成熟的表现,总有一天会吃到苦头。

某先生讲了一个他祖父的故事,在理解人情世故的微妙方面,具有很好的启发作用:

“当年,祖父很穷。在一个大雪天,他去向村里的首富借钱。恰好那天首富兴致很高,便爽快地答应借与祖父两块大洋,末了还大方地说:拿去开销吧,不用还了!祖父接过钱,小心翼翼地包好,就匆匆往等着急用的家里赶。首富冲他的背影又喊了一遍:不用还了!”

“第二天大清早,首富打开院门,发现自家院内的积雪已被人扫过,连屋边也扫得干干净净。他让人在村里打听后,得知这事是祖父干的。这使首富明白了:给别人一份施舍,只能将别人变成乞丐。于是他前去让祖父写了一份借契,祖父因而流出了感激的泪水。”

“祖父用扫雪的行动来维护自己的尊严,而首富向他讨债极大地成全了他的尊严。在首富眼里,世上无乞丐;在祖父心中,自己何曾是乞丐?”把“施恩”变成了“借贷”,给人尊重,给人面子,效果大大的不同。”

职场中经常有这样的人,帮了别人的忙,就觉得有恩于人,于是心怀一种优越感,高高在上,不可一世。这种态度是很危险的,常常会引发反面的后果,也就是:帮了别人的忙,却没有增加自己人情账户的收入,正是因为这种骄傲的态度,把这笔账抵消了。

10 跳槽也要为老东家留情面

职场就是社会的缩影，利益处于第一位。在不同的阶段，就有不同的选择。因此，不再从一而终，而在自己的职业生涯中经历起若干次的职业转换是可以理解的。但是因为吃着碗里看着锅里，因为一点小利益就离开目前仍适合自己发展的企业也是一种不理智的行为。

在谈论如何聘用员工时，大多数 HR 专家这样表示：“我招聘人的时候，如果发现对方频繁地换工作或者仅仅是因为福利待遇而跳槽，这样的人我是绝对不会聘用的，因为我知道他是一个碰到压力或者好处就会逃跑的人。”招聘方的反感溢于言表，竟是“绝对不会聘用”，所以出于对自己的职业安全考虑，确定了一份工作后，就不要得陇望蜀，因为一点点小利益就放弃现在的公司。

有一个女青年凭着秀丽的外表成功跳槽到另一单位，和她同科室的一位“同类”不但不欺生，而且还主动地上前问她：跳槽后最大的愿望是什么？她长吁一口气说：“我暂时还谈不上什么愿望，我跳槽的原因就是再也不想见到那个令人讨厌的男上司。”人家又问她那个男上司为什么如此让她讨厌，她说：“他心眼极小，喜欢指使人，爱搬弄是非，他的最大乐趣就是当着众人的面把别人指责得一无是处。”殊料她现在的顶头上司也是一个男士，他在一边听了她的话后，心里就开始嘀咕：对原来的男上司如此说三道四，指不定哪天离开这里，我也要成为她嘴中之食了。罢了罢了，我还是赶紧找老板把她辞掉算了。

不久，她接到了被公司炒鱿鱼的通知。

职场里，但凡跳槽者，都应该给自己跳槽一个充分的理由：为什么要跳槽？为什么要离开原单位？这是一个跳槽者离开 A 公司而应聘于 B 公司时常常要面临的答卷。招聘者问这类问题，无非是想借此来了解你在原单位的表现、人际关系等。对这类问题的回答，明智的人会说一些原单位在机制、产品等方面的局限性，或自己岗位工作的局限性；但最忌讳的就是一接触到这样的问题就管不住自己的嘴，滔滔不绝地把原单位说得一塌糊涂，通过贬低别人来反衬自己，结果往往适得其反。

现在很多公司在招聘跳槽而来的员工时，都增加了询问原来单位情况的题目。其目的有以下原因：

1. 考察跳槽者对新公司能否认忠诚，而这种忠诚的态度往往能从应聘者对原单位的评价中侧面地反映出来。招聘单位显然对那些过河拆桥的跳槽者怀有戒心：今天你为了新工作可以把原单位说得一无是处，谁能保证明天你不会把新的单位也骂得体无完肤呢？

2. 考察跳槽者在对原单位评价时带有多少个人情绪的色彩。当这种评价带有强烈的个人情绪色彩时，极可能成为一种为达到个人某种目的而进行不留口德的语言攻击。这样招聘者敢录用你吗？

3. 对于重要岗位重要人员的跳槽者，新公司会通过各种手段、渠道来了解其在原单位的表现。当你的攻击传到原单位后，那么别人对你的评价也就可想而知了。

小张大学毕业后分到一所中学教英语，勉强干了两年，觉得教师工作又辛苦又不来钱，看着原来的同学在外面见的世面多，交际广，挣钱多，说死说活不在学校干了，整整折腾了一年多，总算从学校辞职出来到一家合资公司干文秘。开始时热情挺高，干得不错，多次受老板的表扬，但没有一年就觉得干秘书工作挣钱不多管事不少，没有奔头。背着公司，骑马找马又到人才市场登了记。不久一家保险公司聘了他，他觉得每天跑跑颠颠很适合自己的个性，而且干得好一个月可挣五六千块，当机立断，辞掉秘书去当保险推销员。谁承想保险也不好干，培训一段时间上了岗，头三天就碰了好几个钉子，还吃了不少闭门羹，一个星期没干下来就另谋新就了。这次运气不错，一家外企公司看中他外语好，能言善辩，性格外向，聘请他做公司代表，推销产品。在这家外企公司，他干的时间最长，一年零三个月。后来一家小公司聘请他去做公司副总经理，他从自己的前程考虑，抓住这个机会又跳了槽，本来想过一把当官的瘾，尝尝指挥别人是什么味道，但让他始料不及的是，想搞好一个小公司没点真本领还真不行，干了一段不见起色自己便丧失了信心，打了退堂鼓，又到人才市场转悠。当他选中一家公司并慎重地填写了“求职登记表”后，招聘单位人事主管看着登记表上“丰富”的经历，惊讶地看了他一眼没说话。于是，小张失业了。他后悔从学校出来，后悔失掉了好多工作机会。

人的一生中，掐头去尾，实际工作的时间只有30～40年。在这段时期内，谁都希望做出一番成绩。但是如果你在年富力强的时候频频跳槽，在哪里也扎不下根，那成就从何谈起呢？而且，大多数企业对频繁跳槽的员工也很反感，认为其工作稳定性、连续性不够，在筛选简历时大都就被淘汰了。

在职场里，不跳不好，跳多了也不好，那跳槽的度应该如何掌握呢？在人才市场机制完善的发达国家，专业技术人员一生跳槽的平均数为四次多一点儿，有些行业的人很少流动。可能在中国不能说出跳槽应该跳多少次好，但是这里有个标准，那就是你找的工作是否适合你，如果适合就不要轻率放弃。掌握好这一条潜规则，跳与不跳你心里就明白了。

潜规则二

练出办事的“眼力见”

一个人能不能在职场上站得住、行得开，重要的一点在于会不会办事儿，能不能把一件事办好。办事能力不在于你有多大企盼和多大热情，而是看你用什么方法、用什么技巧、用什么手段，懂得办事的潜规则有“眼力见儿”。

1 要懂人情世故，不要清高

在职场中，我们常常可以看到有才华的人得不到重用，原因何在，不是能力的问题，也不是才气的问题，而是态度问题。了解这一职场潜规则，是在职场中顺利工作的重要手段。一些人往往在工作中不务实，不懂人情世故，清高自许，觉得自己比任何人都厉害，自己可以凭才华打天下，不需要看别人的态度行事。殊不知，这是自己职场里做不好工作的根本原因。

下文是一个刚毕业的大学生给同学的一封信：

我在大学的时候是学校“四大才子之一”，凭着比较好的成绩，我找到了一家国有单位工作。能来到这里，我很高兴，想干出一番事业来，可是我到这里一个月了，只得到大家表面的语言帮助，可是没有一个人愿意用行动来帮助我，所以一个月了，我什么都没有学到。昨天回单位交差被主任骂惨了，她问我说：“你家里人和他们有什么关系吗?”我说：“没有!”她说：“麻烦啊，没有关系谁愿意帮你呢?”主任的一句话道破了天机。不过也怪我自己不知道多问问，所以，昨天晚上我找了一个朋友，请他帮忙联系单位一个有能力有背景的人，请他帮忙指点一下。

朋友说：“认识他可以啊，请他吃饭吧!”这个社会就是这么现实，还好，只是请吃饭，如果是送什么大礼，我就破产了。算了，吃顿饭能认识个朋友也无所谓了，最怕是钱花了，东西也没有学到。

社会上的人情世故我什么时候才能学会啊!

这个新出社会的青年对于人情世故的无奈让人油生同情之心，从这个例子可以看到，人情世故对职场新人的影响与作用。

那么，什么是人情世故呢？不少职场新人对“人情世故”持有贬义心态。认为这是两面派、狡猾者的代名词。其实不然。人情即做人的道理，世故即做事的原则。现代汉语词典里对“人情世故”的解释是为人处世的道理。可见，人情世故不单单指人际关系。

“人情世故”越是深厚的人，成就也就越大。反之，则不易成功。这是职场里的一项重要潜规则。试想，一个只知道自己做事，不顾他人的人怎么能得到升职机会。就算做了领导而不懂得与下面的同事处理好关系，这也是个不会长久的领导。人与人太复杂了，会让我们感到处处都要小心，不过，懂得人情世故的人是不太会栽倒的。

纵观任何一个杰出的职场人物，都是有才华又懂人情世故的人，不懂人情世故，能成“小器”能成“中器”，但最终成不了大器，成不了顶尖的人物。

我们可以拿曾国藩和左宗棠这两位政治家相比。

曾左两人由于剿灭太平军有功，都成了清朝重臣，朝野一般多以“曾左”并称他们两人。曾国藩年长于左宗棠，并且对左宗棠也予以提拔，但左宗棠为人颇为自负，从没把曾国藩放在眼里。

有一次，他很不满地问起身旁的侍从：“为何人都称‘曾左’，而不称‘左曾’？”

一位侍从回答：“曾公眼中常有左公，而左公眼中则无曾公。”

这句话让左宗棠沉思良久。

两位优秀的政治家差别就在于这一点点，即谁更通人情世故。通者得人心，不通者不得人心。职场里也是这个道理啊！

2 学会套近乎，让对方先接受你

职场工作，并不总是在熟人之间进行，有时不得不闯入陌生人的领地。进入一个陌生的环境里，想要迅速打开局面，人们首先总是寻求理想的“突破口”。有了“突破口”，便可以以点带面或由此及彼地铺展发挥开去，从而实现工作的目的。

比如，在推销商品时老人、小孩容易接近，也喜欢你接近，融洽气氛，从而达到水到渠成的办事目的。只要留心，老人、小孩一见面就有很多外在的内在的信息展现于你眼前，如年龄、衣着、身体状况、生活习惯、爱好兴趣，甚至神态心理等。平时也应适当地作些知识性积累，如老年健身知识、消闲知识，小孩游戏知识、智力故事等，以便到时“妙手偶得，借题发挥”。

业务员小许第一次踏进某客户家，刚落座，里边出来一位穿中山装的老人。打个招呼，小许立即发现老人胸前戴着一个大圆的毛主席像章，于是说：“老伯，您这个像章是从韶山带回来的吧。”

“呵呵，小伙子蛮有眼力的。我这像章呀，可是十几年前的真货，那时候我在韶山……”

“你跟他说毛主席啊，几天几夜只有他讲的哟。”老人儿媳走过来笑着插言，“我爸可是正正经经的思想研究协会会员哩。”

瞧，小许一个发现便打开了这个家庭的话匣子，谈话的气氛、结果可想而知。事情自然也就顺利的办成了。

一天晚上，小孟到某同事家做客。自我介绍后，挨着一个五六岁的女孩坐下，笑盈盈地问：“小朋友上幼儿园了吧？”小女孩睁大眼睛点点头。“会拍手掌吧？——千年蛇妖白素贞，下凡来报许仙恩——”“我会说，我会拍！”小女孩一下给逗乐了。伸出双手便和小孟玩了起来。很快，小孟和小女孩打成一片，旁边小女孩的爸爸妈妈也格外开心。后来小孟成了这位同事的好朋友。小孟的交际成功就在于她平时作了有心人，积累小孩的某些游戏知识和手段，并适时施展出来，发挥了作用。

在职场里，每个人都希望受到别人的重视，都希望别人把目光聚集到自己身上。如果你能够先重视他，对他所关心的问题或事情，你能够为他办理得很好、很妥帖，那么，别人才会把目光投向我们，重视我们，并为我们办理一些事情。对别人显示你的兴趣，关心他最关心的事或人，是职场潜规则中必须要重视的技巧。它有时不仅可以让你交到许多朋友，有时候还会有意外的收获。

华特尔就职于一家大银行。一次，他奉命写一篇有关某公司的研究报告。他知道某人拥有他非常需要的资料，那人是一家大工业公司的董事长。于是，华特尔去见那个人。当华特尔被迎进董事长办公室时，一个年轻的妇人从门边头探进来，告诉董事长，她这几天没有什么邮票可给他。

“我在为我那12岁的儿子搜集邮票。”董事长对华特尔解释道。华特尔说明他的来意，开始提出问题。董事长的说法含糊其辞，模棱两可。很显然，他不想把心里的话说出来。这次见面时间很短，没有任何实际效果。

华特尔当时真不知道怎么办好了，后来，我想起了董事长秘书说的话——邮票，12岁的儿子，联想起自己在银行的国外部门搜集邮票的事——从来自世界各地的信件上取下来的邮票，华特尔有了主意。

第二天早上，华特尔又去找那人，传话进去，说有一些邮票要送给他的孩子。华特尔被很热情地带了进去。那个董事长满脸带着笑意,客气得很。“我的孩子将会喜欢这些。”他不停地说,一面抚弄着那些邮票,“瞧这张！这是一张无价之宝。”

华特尔回忆这次见面说:“我们花了一个小时谈论邮票,看他儿子的照片,然后他又花了一个多小时,把我所想要知道的资料全都告诉了我。我甚至都没有提议他那么做,他把他所知道的,全都告诉了我,然后叫他的下属进来,问他们一些问题。他还打电话给他的一些同行,把一些事实、数字、报告和信件,全部告诉我。用一位新闻记者的话来说,我大有所获。”

在我们的职场里,相信这样的事件也不少。假如我们像华特尔那样明了这一职场潜规则办事,双方之间的关系一定会越来越近,那还会有什么事情是干不成的呢?

只有让人关注、重视,我们才能得到自己想要的东西,才会在职场中左右逢源。那么先关注别人、关心他最关心的人或事,并投其所好、拉近距离,这样就会使我们得到别人的回报。当我们对他人感兴趣、关心他最关心的人或事时,别人就会感觉到我们对他的诚恳与尊重,同时也会对我们报以微笑。如果我们总是一种不理不睬或高高在上的姿态,对他人没有半点兴趣,试想谁还能够对我们充满好感呢?只有关心他人所关心的,才能拉近彼此间的距离,才能使自己得到自己想要获得的东西,也才能在职场中左右逢源。

3 礼轻情谊重,有礼好办事

礼物是友情的表示,中国早就有投之以桃,报之以李的习俗。朋友之间或出远门旅行捎回一点当地的特产,或年节家辰,个人喜庆,赠送一点敬贺礼品,表现彼此间的一番情谊则是必要的,这是一种诚挚的感情交流,一种工作交际的巧妙办法。客观上讲,送礼受时间、环境、风俗习惯的制约;主观上讲,送礼因对象、因目的而不同。所以,赠送礼品也是一门艺术,送给谁、送什么、怎么送都很有奥妙,绝对不能瞎送、胡送、滥送。

在工作交际时,送礼向来注重一个理由,用“师出有名”来形容送礼是最恰如其分了。西点军校里有一个广为传诵的悠久传统,就是遇到军官问话,只有四种回答:“报告长官,是!”“报告长官,不是!”“报告长官,不知道!”“报告长官,没有任何借口!”除此之外,不能多说一个字。这种“没有任何借口”在平时也许很好用,但在需要办事送礼时则是大忌。

职场里,节日、生日、婚礼等有意义的纪念日,或探视病人时,这都是送礼的最佳时机。因为这些时候送礼可以使收礼者不感到突兀,认为自然,容易接受。

清代巨商胡雪岩既善于经商,也善于经营自己的关系网,他的精明之处在于他善于抓住不同人的特点,投其所好地送礼办事。

在胡雪岩的那个时代,要经商办事,离不开银子的作用。胡雪岩深谙此道,自然也从不吝惜银子,甚至到了有“求”必应的地步。比如时任浙江藩司的麟桂调署江宁藩司,临走时在浙江亏空的两万多两银子需要填补,又一时筹不到这笔款项,便找到胡雪岩请他帮助代垫,胡雪岩二话没说便爽快地应承下来,以致麟桂派去和胡雪岩相商的亲信也“感动”不已,称胡雪岩实在是“有肝胆”、“够朋友”,要他一定不要客气,趁麟桂此时还没有卸任,有什么要求尽管提出来,反正惠而不费,他一定肯帮忙。胡雪岩做的却也实在“漂亮”,他没有提出任何索取回报的具体要求,只是希望麟桂到任之后,有江宁方面与浙江方面的公款往来,能够指定由他的阜康票号代理。这一点点要求,对于掌管一方财政的藩司来说,自然是不费吹灰之力。事实证明,胡雪岩的投资是有眼光的,最终得到了意想不到的收益。

在职场里，要把礼物送到人“心坎”上，就要慎重对待礼物的轻重，以对方能够愉快地接受为尺度。中国是一个重人情的社会，送礼作为一种文化现象，自有其特定的规律，不能盲目地去做、随心所欲。办事的人要懂得送礼的奥妙，绝不能瞎送、胡送、滥送。懂得这一职场潜规则，只要能送到心坎上，便会有“礼轻情谊重”的效果，小礼物有时也能办大事。

此外，职场里送礼时要注意态度、动作和语言表达。平和友善、落落大方的动作并伴有礼节性的语言表达，才是受礼方乐于接受的。那种做贼式的悄悄地将礼品置于桌下或房间某个角落的做法，不仅达不到馈赠的目的，甚至会恰得其反。在对所赠送的礼品进行介绍时，应该强调的是自己对受赠一方所怀有的好感与情义，而不是强调礼物的实际价值，否则，就落入了重礼而轻义的地步，甚至会使对方有一种接受贿赂的感觉。

总之，送礼是表达心意的一种形式。礼不在多，达意则灵；礼不在重，传情则行。不过运用送礼潜规则时，礼物太轻，意义不大，很容易让人误解为瞧不起他，尤其是关系不算亲密的人，更是如此。但是，礼物太贵重，又会使接受礼物的人有受贿之嫌，特别是对上司、同事，更应注意。因此，礼物的轻重选择以对方能够愉快地接受为尺度，争取做到少花钱多办事，多花钱办好事。

有人调查指出，日本人做生意在送礼方面是想得最周到的。特别是在商务交际中，小礼品是必备的，而且根据不同人的喜好，设计得非常精巧，可谓人见人爱，很容易让人爱“礼”及人。不难想象，很多人，拿到此类礼品都爱不释手，不由得说一句：“太好了！”

小礼物起到了非同小可的作用，而精明的日本人此举之所以成功，在于他们既聪明又精明，摸透了外国商人的心理，又运用了自己的策略：一是他们了解外国人的喜好而投其所好，以博得别人的好感；二是他们采取了令人可以接受的礼品，因为他们深知欧美商业法规严格，送大礼反而容易引火上身，而小礼物绝没有受贿行贿之嫌；第三，他们又很执著于本国的文化和礼节。这样他们只需用“小”礼物就可以彻底“温暖”了人心。

可见，礼品虽小，人家功夫到了家，你不能不佩服。

如今商业社会，“利”和“礼”是连在一起的，往往是“利”、“礼”相关，先“礼”和后“利”，有礼才有利，这已经成了职场的潜规则。在这方面，道理不难懂，难就难在操作上，你送礼的功夫是否像日本人一样到家，不显山露水，却能够打动人心、送到人的心窝里。因此，在送礼之前应好好琢磨一番。

4　人在屋檐下，低头好办事

职场里人际往来免不了求人办事，一些人往往“脸皮薄”，放不下“清高”的架子，自然也就不能与社会相适应，也难以办成事。求人办事，脸皮薄了不行，不能忍受屈辱也不行。只有在求同事朋友办事时，洗掉身上的迂腐与矜持，肯于屈尊，不怕低头，才能以柔克刚，取得求人办事的成功。

小李为办一个手续，连跑了好几个地方，不知为什么，总是解决不了问题。有人说要送礼，他不懂送礼也不愿意送礼，只是愤愤然地骂上两句，自己苦恼不堪。

小刘了解此事后，指点他去直接找某主任。可小李到办公室却扑了个空，追到家也没见到人——还被势利的保姆“损”了几句。他顿时火起，却又觉得“好男不跟女斗”，只得裹着满腹懊恼回到家，发誓再也不去求人办事儿了。

小刘知晓后，哈哈大笑，说：“你呀，就这么不济事！在外边办事哪有这么容易的！我找人办事是一求二求三求，不行再四求五求六求。事实不可谓不详尽，道理不可谓不充分。现在，我不但脸皮厚了，连头皮都变硬了！”

一席话，深深地触动了这位小李。第二天，他又“厚”了脸皮去找某主任。结果是出人意料的顺利，主任只照例问了一些问题便为他办了手续，烟都未抽一支。

人在职场，需要办数不清的事，需要请无数人帮忙。万事不求人是不可能的，要求人，脸皮薄了是不行的。“人在屋檐下，不能不低头”，这句话有其客观和理性。也是职场工作的一个重要的潜规则。初涉世事的年轻人，往往“脸皮薄”，放不下“清高”的架子，自然也不能为社会所接纳，不能与环境相适应，自然也就难以迈出走向社会的第一步。

有些职场新人脸皮太薄，自尊心太强，经不住人家首次拒绝的打击。只要略一受阻，他们就脸红，感到羞辱、气愤，要么与人争吵打闹，要么拂袖而去，再不回头。看起来这种人很有几分“你不给办就拉倒”的“骨气”，其实这是过分脆弱的表现，导致他们只顾面子而不想千方百计达到目的，于工作无益。

因此，我们在职场里办事时，既要有自尊，但又不要抱着自尊不放，为了达到成功目的，有时脸皮不妨厚一点，碰个钉子，脸不红心不跳，不气不恼，照样微笑与人周旋，只要还有一丝希望就要全力争取，不达目的决不罢休。有这样顽强的意志就能把事情办成。

某建筑工地急需60吨沥青。采购员到物资部门申领，但负责此事的处长推说计划紧要等两个月才能提货，采购员非常着急，他怎么能等两个月呢？当他了解到仓库里有现货，只是因为自己没“进贡”人家才拖他时，更是怒从胸中来，真恨不得马上找对方好好“说道说道”。

但他竭力控制自己的感情，思索解决问题的办法。他手头一无钱二无物，给人家“进贡”是不可能的了。他决心和那位处长大人软缠硬磨。

从第二天起他天天到处长办公室来，耐心地向处长恳求诉说。处长感到烦，不理睬他。你不理，他就坐在一边等，一有机会就张口，面带微笑，彬彬有礼，不吵不闹，心平气和地恳求诉说。处长急不得火不得，推不走赶不跑。“泡”到第五天，处长就坐不住了，他长吁一声：“唉，我算服你了。照顾你这一次，提前批给你吧！”

工作中的一些事情有时不可能立竿见影，很多朋友就心浮气躁，殊不知此时正是考验你的办事功夫是否到家的时候了，只有“忍人之所不能忍，方能为人所不能为”啊。

总之，职场里求人办事是难以启口的事，要想办成功，只有善于低头，才能成功。因为，人在职场，能够顺利完成工作最重要。

5 因事制宜才能把事情办好

职场里，处理不同的工作情况要采用不同的方法，因事制宜，对症下药，即不能小题大做，也不能因缺乏重视程度而把事情办糟。熟谙职场潜规则，是成功办事的根本。事有大小，事有种种，事有难易，有的事关系到自己的切身利益，有的事则可办可不办。这是职场生存的技巧。

工作要具体问题具体分析。因此，我们不但要知道哪些事情应该怎样办，而且要知道哪些事情该办，哪些事情不该办。如果你觉得事情能够办完，就应该毫不犹豫地去办；如果你觉得事情把握不大，就要给自己留下回旋的余地；如果你觉得要办的事情没有能力办到，就不要打肿脸来充胖子。有些人为了给人留个好印象，往往对一些要求，不加分析地答应。这是十分错误的做法。

二战时的美国总统富兰克林·罗斯福在就任总统之前，曾在海军部担任要职。有一次，他的一位好朋友向他打听海军在加勒比海一个小岛上建立潜艇基地的计划。罗斯福神秘地向四周看了看，压低声音问道：

“你能保密吗?”“当然能”。“那么”,罗斯福微笑地看着他,“我也能”。他的朋友明白了罗斯福的意思,不再打听了。

罗斯福采用的是委婉含蓄的拒绝,其语言具有轻松幽默的情趣,表现了罗斯福的高超艺术,在朋友面前既坚持了不能泄露的原则立场,又没有使朋友陷入难堪,取得了极好的语言交际效果。以至于在罗斯福死后多年,这位朋友还能愉快地谈及这段总统轶事。

的确,拒绝别人的要求确实不是件容易的事,大家都有这样的体会。职场里央求别人固然是件难事,而当别人央求你,你又不得不拒绝的话,也是叫人头疼的,因为每个人都会有自尊心,希望得到别人的重视,同时不希望别人不愉快,因而,也就难以说出拒绝的话了。

不过,当你经过深思熟虑,倘若答应对方的要求将会给你和他带来伤害,那么就应该拒绝,而不要为了面子问题,作出违心的事来,结果双方都没有好处。那么在哪些情况下是可以给予拒绝的呢?

职场潜规则提醒我们当对方所期待的帮助是不合适的时候要敢于拒绝。比如,前些时候,求助风行,一家发了财,大家“吃大户”。对一些较为有名气的厂矿企业、专业户等,要求赞助者接踵而来。有关的来,无关的也来。以至于名曰赞助,在一些场合下变相敲竹杠。这里并不是讲经济效益好的企业不应该帮助一些事情,而是在企业资金极为有限的情况下,很难满足他们,是可以酌情拒绝的。

此外,职场里没有把握的事情不吹牛。有时对别人提出的请求,我们自己也没有把握能否办到。这时候就要具体问题具体分析。认真评价自己的办事能力。千万不要过于自信,更不可吹牛。否则,虽然平时关系密切,可一旦事情办砸了,反倒得罪人。

工作中,力不从心的事情不能办。办事情要量体裁衣,自己感到难以做到的事情,要勇敢鼓起勇气说声对不起,我实在无能为力,您是否可以另找别人?这样,这样一来你才是真正懂得办事潜规则的人。否则,失去面子的可能是你自己。

6 激发对方的同情心

如今很多人都爱表现出强者的风范，总以我是老大的面貌出现，往往碰得头破血流。职场中而以弱者的姿态行事，人自然会谦虚谨慎，别人也会愿意接受，反而会使一切顺畅。以弱者的面貌和姿态行事的人，才更容易成为最后的赢家。这是职场中弱者的智慧，也是一种职场潜规则。

有一个美国的心理调查实验：一名彪形大汉，在拥堵的马路上横穿而过，愿意给他让路的车辆不到50%，车祸率很高，危险难免。而一个老弱病残者横穿马路，却是万人相让，大家还觉得自己是做了善事，车祸率为零。弱者强，在某种时候，收到的效果截然相反。弱，反而得到了强势；强，反而处于弱势。因此，适时做个弱者，也是职场办事成功的出发点。甚至是为人处世不可缺少的需要，也是一种品质。

一位遭人欺凌的受害者在向某领导告状时十分冲动，口出狂言、污语，使得这位领导很是反感，因而，问题迟迟不予解决。后来，此人绝望了，痛苦不堪，几欲轻生，反倒引起了这位领导的同情和重视。

当然，这并不是说，见告状者都要摆出一副可怜兮兮的样子，流下几滴眼泪。而是说，告状者在请求解决问题时，应该调动听者的同情心，使听者首先从感情上与你靠近，产生共鸣。这就为你问题的解决打下了基础，人心都是肉长的，只要你将受害的情况和你内心的痛苦如实地说出来，处理者是会动心的。

有人说女人告状比男人强，因为女人说着说着眼圈儿就红了，眼泪就不由自主地淌了下来，听者就是铁石心肠，也免不了会动心的。这话颇有一定道理。同情心可以促进当权者对受害人的理解，但这并不等于说马上就会下定处理的决心。因为处理者要考虑多方面的情况，有时会处于犹豫之中，甚至会抱着多一事不如少一事的态度，不想过问。这时候，告状者就得努力激发处理者的责任感，要使处理者知道，这是在他职责范围以内的事，他有责任处理此事，而且能够处理好此事。

人心都是肉长的，仁慈心、同情心是每个职场人士情感世界中最基本的组成部分。潜规则利用对方人性中善良的光辉可以照亮自己的世界，用自己坎坷遭遇的愁容和凄凉悲怆的眼泪，可以使对方的感情之水为之荡漾，即使铁石心肠，也会网开一面，答应或者帮助你把事情办成。

一天，一位老妇人向一位律师哭述她的不幸遭遇。原来，她是位孤寡老人。丈夫在战争中为国捐躯，她靠抚恤金维持生活。前不久，抚恤金出纳员勒索她，要她交一笔手续费才可领取抚恤金，而这笔手续费是抚恤金的一半。律师听后十分气愤，决定免费为老妇人打官司。

法庭开庭。由于出纳员原来是口头勒索的，没有留下任何证据，因而指责原告无中生有，形势对律师极为不利。但他十分沉着、坚定，他眼含着泪花，回顾了帝国主义对殖民地人民的压迫，爱国志士如何奋起反抗，如何忍饥挨饿地在冰雪中战斗，为了国家的独立而抛头颅、洒热血的历史。最后，他说："现在，一切都成为过去。英雄早已长眠地下，可是他们那衰老而又可怜的夫人，就在我们面前，要求申诉。这位老妇人从前也是位美丽的少女，曾与丈夫有过幸福的生活。不过，现在她已失去了一切，变得贫困无靠。然而，享受着烈士们争取来自由幸福的某些人，还要勒索她那一点微不足道的抚恤金，有良心吗？"

法庭里充满哭泣声，法官的眼圈也发红了，被告的良心也被唤醒，再也不矢口否认了。法庭最后通过了保护烈士遗孀不受勒索的判决。

没有证据的官司很难打赢，然而律师成功了。这应归功于他的情绪感染，驾驭了听众及被告的心理，达到了理智与情感的有机统一，收到征服人心的效果。这便是以弱者面貌办事的智慧。

7　办事要把握好分寸

熟知职场潜规则，是在职场中的顺利生存根本。生活中常常可以见到这种现象，有人因为工作关系，为了求得上司的支持，频繁地往领导家里跑，尤其是在下班以后，也不管人家愿意不愿意，在领导家一“泡”就是几个小时。他以为这样，就能获得领导的好感，事情就好办很多。殊不知，这种行为不管有心无心都有“咬人不撒嘴”之嫌，会使人很不耐烦。

一位心理学家说：“牺牲别人去做一件有利于自己的事已经不妥当，硬把这件事当作是对别人的一种慷慨施予，就是无可饶恕的自欺欺人行为。而且，到头来必定会失败的。”因此，职场办事要讲究分寸，不能强人所难。

在现实职场里，人是一种会计算的动物，办任何事都会进行一番利害得失的考量。比如，有人托你办一件事，你如果发现此事对你有损无益；但接着又觉得和对方一往情深，就算自己吃亏一些，也替他办了吧；最后你或许会用比较理智的观点去判断一下，觉得“照办”虽然吃亏，但比起不照办会损害彼此的感情，衡量比较之下，为顾全大体，你还是“照办”了。

将心比心，换一个立场去考虑，既然别人有求于你时，你要有这么多的顾虑，那么自己有求于人时，就不能不替别人考虑了，你说是不是这个道理？

罗宇得知老同学张欣的亲戚在一个实权部门说了算，他便找张欣，希望能通过张欣的亲戚捞一些油水。张欣见老同学相求，虽然有些为难，但还是答应了。可是，当张欣问过他的亲戚后，人家说无法办，张欣便向罗宇说明情况。但罗宇却认为张欣不给他办事，立即拉下了脸说："你还能干什么？这么一件小事你都不帮忙。"说罢便转身走人，弄得张欣心里很不是滋味。本来他准备说完这件事后，还想说有另一个和他关系不错的人，说不定能办成这件事；但看罗宇是那样的态度，他也不敢再说这层关系了，他怕如果再办不成，不知罗宇会怎样对待他。

罗宇的这种意气用事的做法，就是不讲分寸，是职场办事时最为忌讳的。即使是再好的朋友也不能这样做，因为毕竟是你在有求于别人，只有心平气和、用商量的口气，才有望取得成功。强人所难、意气用事，吃亏的只能是自己。因此，职场办事，不把握好分寸往往会弄巧成拙。

职场中，处理一些复杂工作时，必须遵循一些办事的规矩和原则，否则可能不但达不到预期的效果，而且还费力不讨好，事倍功半。强人所难，是职场潜规则的一大禁忌。在职场办事的过程中，要考虑到对方的实际能力，看人家是否能办得到。如果你托人办事，人家诚心诚意向你表示他爱莫能助，就不能强求人家非给你办成不可。假如人家能办到而不愿帮忙，也不能因人家不帮忙就给人难堪。人家不愿意帮忙肯定有不愿意的理由，你就应该体谅人家，另想办法。如果人家有顾虑，就应给人家充分的考虑时间，千万不能因人家一时没有答应便意气用事，强人所难。否则，你不但办不成事，还会越来越让人讨厌。

8 委婉地向对方寻求帮助

职场里，一个人能不能站得住、行得开，重要的一点是看会不会办事儿。在职场办事儿不是一件简单的事，能不能把一件事办好，不是看你有多大企盼和多大热情，而是看你用什么方法、用什么技巧、用什么手段。

一家报社的总编辑雷德先生身边缺少一位精明干练的助理。目光瞄准了年轻的约翰，他需要他帮助自己。而当时约翰刚从海外归国，正准备回到家乡从事律师业。

雷德先生请他到一家俱乐部吃饭。饭后，他提议请约翰到报社去玩玩。这时，报社得到了一条重要消息。那时恰巧国外新闻编辑出差，于是他对约翰说：“请坐下来，为明天的报纸写一段关于这消息的社论吧。”约翰自然无法拒绝。于是提起笔来就做。社论写得很棒，雷德先生看后也很赞赏，于是雷德请他再帮忙顶缺一星期、一个月，渐渐地干脆让他担任这一职务。约翰就这样在不知不觉中就放弃了回家乡做律师的计划，而留在报社做新闻记者了。

由此可见，雷德先生是一个很会办事的人。我们从中也能得出一条职场潜规则：央求不如婉求，劝导不如诱导。

一个寓言说，有位车夫拉车上桥，桥很陡，走到半路实在拉不动了。他急中生智，用力顶着车把，放声唱起歌来。他这一唱，前面的人停下来看他，后面的人想看看发生了什么事，几步走过去追上他，而车夫则乘机央求大家帮着推车，大家一齐用力，车就推上了桥。

车夫了解人们好奇围观的心理，所以他不靠蛮力一个人拼死拉车，而是靠在车把上唱歌创造请别人帮忙的条件，如果他没有办法招人来推车，就算他用尽力气也不能把车拉上桥。

这位车夫的办事的策略堪称高超过人，无与伦比。本来是求人帮忙，结果却成了别人自觉自愿的行为，求人办事儿不露声色，浑然无迹。我们职场人士注意的是：诱导别人参与自己的事业的时候，应当首先引起别人的兴趣。当你要诱导别人去做一些很容易的事情时，先得给他一点小利益。当你要诱导别人做一件重大的事情时，你最好给他一个强烈刺激，使他对做这件事有一个要求成功的希求。在此情形下，他的自尊心被激起来了，他已经被一种渴望成功的意识刺激着了，于是，他就会很高兴地为了愉快的经验再尝试一下了。

总之，职场中办事要讲技巧，重诱导。要引起别人对你的计划的热心参与，必须先诱导他们尝试一下，可能的话，不妨使他们先从做一点容易的事儿入手，这些容易成功的事情，在他们看来，往往是一种令人兴奋的真正的成功。这在我们职场办事时可谓是一个巧妙方法。

9 跑断腿磨破嘴，用行动来说话

职场中，有些事你怀着一片热心找到对方头上，对方能办，可就是找各种各样的借口和理由搪塞、推托和拒绝，搞得你无能为力，无可奈何，无计可施。有些人在这种情况下只好打退堂鼓，撤回来了事。但也有一部分性格顽强、不达目的誓不罢休的人，他们采用软缠硬磨法，千方百计地赖着对方的时间，赖着对方的情面，甚至赖着对方的地盘，不答应就是不撤退，不把事情办成就是不回头，搞得对方急不得火不得，最后不得不答应了他的要求，从而办成事情，凯旋而归。

有位香港女作家，在浓浓的浪漫情调中与大陆某男士结成情缘，她曾经宣称那位男士是追她的男朋友中条件最差的。但她为什么偏偏选中了这一位呢？

事情的起源要追溯到几年前，那是她第一次赴上海，是为洽谈自己的小说授权给上海某家出版社出书而前往的。一次晚宴上，女作家和某男士相遇，男士深为女作家的人生体验所激动，晚宴后就说出一句惊人之语——“我可以追求你吗？”

她当时未予理会，只当成是一句玩笑话。不料男士真的开始展开猛烈追击，每天从早开始，他带了好多朋友，一起在她下榻的酒店“站岗”。

对于男士此举，女作家感觉如遇“恐怖分子”，不敢踏出饭店一步。而紧盯不放的男士便不断以电话“骚扰”女作家，并告知她“如果再不露面，便要通知你的所有朋友，告诉他们我要追你。”

被逼得无路可跑的女作家急中生智说：“你请我喝咖啡，我们好好聊聊。”

她知道当时大陆人收入不怎么高，索性一口气喝了五六杯咖啡，准备使追求者“破产”。结果他也跟着叫了五六杯咖啡，结账时不但没有囊中羞涩，反而给了服务员一笔数目不小的小费，让对方知难而退的计谋没有得逞。

最激烈的是，就在她在上海的最后一夜，鼓足勇气的那位男士，竟在大庭广众面前猛烈亲吻女作家。当时花容失色的女作家久久不能言语，随后激动得几乎落泪说：“你怎么可以这样。”

当她离开上海，那男士更是一路穷追猛打。赴西安，追踪到西安，抵达台北，长途电话不知打了多少遍。

至此，女作家说：“只要我存在于地球上一天，似乎都无法逃出他的手掌心。”只好投降，宣告结婚。

只要工夫深，铁棒磨成针。这位男士求婚的方法正是如此。在职场中，如能将这种方法加以应用，办事将会成功更多。

职场中有人形容办事之难，简直就是“跑断腿，磨破嘴”。但这一办事的潜规则往往有奇效。对于这一点，业务员的体会就应该是最深了。业务员在推销产品时，随时都有可能遭到客户的拒绝，但过了一段时期之后，他又毫不气馁地来了。这时假若客户绝情地说：“我们并没有购买的意思，你再来几次也是枉然，因此，我劝你不必再浪费口舌、白费力气了。”然而业务员却不在乎，仍抖擞精神、面带笑容地回答说：“不，请不必为我担心，说话跑腿是我的工作职责，只要你能给我一点时间，听我解释，我就很心满意足了。”客户看到他汗水淋淋，却还满脸笑容，不买就觉得再也过意不去了，于是就买了一点。

下雨下雪是业务员上门的好日子。外面下着雨，别人都躲在家里，而业务员就站在门口，不能不使人产生同情心，因而难于拒绝。虽然我们都清楚地知道，这是业务员所采取的一种策略。但毕竟他这样做啊，对此你能无动于衷吗？这种推销方法，就是巧妙地利用了人类的感情。本来不打算购买的人，也会产生“再也不能让他白跑了”的想法，使他们有这种负担和欠人情债的感觉，客户会这样想：“这位业务员若是多跑几处地方，使他花了不少宝贵的时间，再不买他的产品，就有点对不住人家了。”这是加重人们心理负担的一种推销手段。

再如，新闻记者从事采访工作也善于利用这一方法，为达到采访目的，他们有时需要在晚间或清晨行动。在发生某些重大事件时，新闻记者就要事先打听到与此相关的人，等下班后，或者上班前去采访，因为这种时候一般人都在休息，而新闻记者还在干活，就会使对方产生心理负担，不告诉他这件事的内幕，心里就过意不去。

潜规则三

管住嘴，话语里面名堂多

中国有句老话“好马出在腿上，好人出在嘴上”。这里的“嘴”指的不是吃饭的“嘴”，而是说话的“嘴”。在职场上做得再多，不懂表现，就算累得半死，上司可能也看不见。职场的现实就是这样，做得多还要说得好。

1 嘴巴甜的人到哪里都吃香

职场里,说话是一门艺术,更是职场潜规则重要套路,尤其是在人际交往的过程中,说话的好与坏关系交往的功效。而揣测对方心理,把话说到别人的心里去,是说话得体、动听从而达到成功交往的关键因素。在这方面,《红楼梦》中的王熙凤可称典范。

王熙凤初见黛玉,笑道:“天下真有这样标致的人物,我今儿才算见了!况且这通身的气派,竟不像老祖宗的外孙女儿,竟是个嫡亲的孙女,怨不得老祖宗天天口头心头一时不忘。只可怜我这妹妹这样命苦,怎么姑妈偏就去世了!”

王熙凤是贾府中炙手可热的人物,她的权势多半是来源于贾母的宠信,所以王熙凤行事说话时时刻刻都依据贾母的爱憎好恶,揣测其心理。初见贾母的外孙女黛玉,便恭维她是天下最标致的人物,“我今儿才算见了”,似乎是在说她从未见识过,而周旋于贾府上下人中,又是名门之女的王熙凤不是没有见过世面,为什么对黛玉如此夸奖呢?我们知道:是贾母一再执意要把自己唯一的女儿的孩子黛玉接进贾府的,承受失女之痛的贾母自然会把对女儿的感情转移到外孙女的身上,心肝儿肉地疼爱。听到有人这么夸奖外孙女,贾母定是欢喜,尽管这话已恭维到令人肉麻的地步,但又有谁能拒绝呢!接着,王熙凤又说黛玉不是贾母的外孙女而是孙女,这显然违背事实。

但有时候,假话比真话更让人爱听。由外孙女到孙女,其潜台词是想告诉贾母:黛玉就像是她自己调教出来的孙女一样。此话如扑面之清风,贾母怎不受用?对于寄人篱下的黛玉来说,置身于人地两疏的贾府听到别人的夸奖，并且说自己是贾府的最高统治者贾母的嫡亲孙女，除了高兴之外，说不定还有感激呢！不仅如此，王熙凤始终没有忘记，或者说更清楚黛玉进贾府的原因：姑妈去世。女儿的去世会给贾母以精神上的打击，而失去母亲的黛玉感情上更是不必说。所以熙凤又向二人表达自己的悲伤与哀痛——“怎么姑妈偏就去世了”。真是做尽了人情，好一个八面玲珑的人物！

职场也是如此。一个会说话的人，总可以流利地表达出自己的意图，也能够把道理说得很清楚、动听，使别人很乐意地来接受。有时候还可以立刻从问答中测定对方言语的意图，并从对方的谈话中得到启示，增加自己对于对方的了解，跟对方建立良好的友谊。不会说话的人，不能完全地表达出自己的意图，往往会使对方费神去听，而又不能使他信服地接受。

有这样一个笑话，有一位奇丑无比的女士遇见一位帅哥，那位丑女做过自我介绍后。帅哥很真诚地夸她说：“你的名字真好，通俗易懂。”丑女感到非常高兴。帅哥的朋友不解，问他为什么这么夸她。帅哥解释说：“遇到一位女性，如果她有几分姿色，那么你就称赞她漂亮；如果她算不上漂亮，那么你就称赞她可爱；如果她可爱也算不上，你就称赞她有气质：如果她连气质也谈不上，那么就称赞她有个性；如果她性格也一般，那就称赞她名字别致、脱俗；如果连名字都很一般，那么就只能称赞她的名字通俗易懂了。”

我们不去管笑话里的事情是不是真的，也不要追究别人是否这样评价过我们。职场中嘴巴甜是很难拒绝的“诱惑”。不管是男人还是女人，总是喜欢听到别人的夸奖。而且笑话也告诉我们一个真理，每个人都有优点，就看你懂不懂得去发掘别人的优点，并衷心去称赞它。只要我们把嘴巴多抹点蜜，就算不能让自己升职加薪，但是人见人爱是绝对没问题的。在职场里，有以下几种嘴甜的方法：

1.尽量把他们往年轻里叫

如今“帅哥”、“美女”、“靓仔”、“靓女”成了年轻人的爱称,不管别人是不是名副其实,但是没人会拒绝这样的称呼,而且每个人都会在心里偷笑。对那些三四十岁的人,我们也可以亲热地称呼为“李姐”或“张大哥”等。不要直接称呼姓名,或者是直接用称谓,要用二合一型。这样容易拉近彼此的距离。总之嘴甜的第一原则就是:只要别人不是很老,那么就尽量把他们往年轻里叫。

2.称呼领导有技巧

对公司的一些领导不能称呼姓名。要称呼他们的职位。比如说领导姓孙。你可以称呼他为“孙总”,或“孙经理”,办公室主任姓刘,那么就称呼为“刘主任”。对于副职领导我们也要注意,在没有正职领导在的时候,要把那个“副”字去掉,不要叫他“孙副总”。而要直接叫他“孙总”。事实证明,这一字之差能让人有两种不同的心情。但是在正副领导都在的时候,最好避免称呼副职领导。如果避免不了,就要把“副”字加上。

3.要说好听的

以前我们认为女人对外貌更加关注,更加喜欢甜言蜜语,但是事实证明,男人更爱臭美,更容易被甜言蜜语打动。对于女性,我们要更多的称赞她们的身材,相貌,皮肤,服饰,发型等。虽然有时候我们是违心的,但是这并不影响效果。比如一位身材丰满的女士,虽然她的身材不算瘦,但是你可以说“您最近好像清秀了”。就算她明知道自己的体重又增加了,但是听到这样的话,她一样会很开心。对于男性,我们要更多的称赞他们的发型,穿衣服的品位等。然后就是对他们能力和品质的赞美。包括他们工作能力强、干练、精神、有威严、有风度等。据调查男性照镜子的时间基本上和女人持平,但是他们都是偷偷地照镜子。听到甜言蜜语时,男性的血压比女性上升得更快,这说明他们对此很受用,很兴奋,只不过他们比较善于控制自己的情绪。所以不要以为嘴甜对那些绷着脸的男人没用,其实他们更喜欢!

2 职场中赞扬不可少

职场里，说好听话是一门学问，对上司说话更应注意。不可盲目以为只要心诚，说什么话都无所谓。其实，"言为心声"，往往看似不经意的一句话会使上司产生误会。另外，语言既然是一种交流的工具，便有它的长处，也有它的缺点，正如一池水可以养活鱼虾，也可以淹死活人一样。由于语言具有模糊性和意义不确定的特征，有时候很容易引起误会，"好话也怕重三重"正是这个道理。一句话可以这样理解也可以那样理解，如果我们说话不注意，很可能会被别人误解，自以为说得很好，可别人却没有按照本意去理解而产生误会，使双方出现裂痕。

比如，对于上司，有时不妨说说恭维话，但这些恭维话要以事实为依据。在某些时候是对某些你该赞扬的就不妨赞扬几句，要适当地赞美上司的优点长处。这种赞美必须是诚心这是对上司的一种承认，对你也是一种感情投资。

有一个拍马屁的专家，连阴间的阎罗王都知道了他的姓名，他死后来到森罗殿见阎王，阎王一见到他便拍案大喝："好刁猾的东西，听说你是拍马屁专家，专好拍人马屁。哼，我最恨像你这样的！"

那拍马屁专家赶紧跪地叩头说："冤枉啊，冤枉，阎王爷有所不知，那些世间之人都喜欢别人拍他马屁，我不得不这样。如果世上之人都能像大王您这样明察秋毫，公正廉明，那我哪里还敢有半句恭维？"阎王高兴的直说："谅你也不敢拍我马屁。"

这则笑话虽是说的拍马屁，但也说明了赞扬要学会掌握分寸，既不能恭维不足,更不要言过其实,流于谄媚。将恭维的分寸掌握好,使对方不知不觉地接受了你的说法,而又不会因为你的恭维而看轻你。当然,恭维要适时适度,不可滥用。否则会使人对你有别的看法。

新主管来了,在第一次会议上,小陶抢在所有同事面前,大声称颂新主管在前一单位的贡献和成就,并肯定他的能力和学识,“相信在科长的正确领导下,本科会创下有史以来最好的成就!”小陶一副兴奋、期待的表情。而听了一番奉承话语的新主管,尴尬中夹着自得,任何人都看得出来,小陶的话对他产生了作用。

小陶的确拍对了马屁,新主管对他不错,不但有事会咨询他,还交给他不少重要的任务,小陶一夕之间成为同事眼中的红人。

一年后,新主管走了,来接任的是原来主管的死对头,在第一次会议中,小陶又抢在所有同事的面前对新来的主管大肆赞扬一番,但和上次不同的是,他也把前一任主管大骂了一顿,说他如何不公,如何有私心,如何无能,听得新来的主管“平静的脸庞隐约漾起笑纹。”

小陶当然又成了红人。

职场的现实就是这样,做得多不如说得多,做得好不如说得好。与其说小陶的行为“很恶心”,不如说他深深懂得人性的需要,因此发展出他自成一套的职场潜规则。在人际互动上,拍马屁有化腐朽为神奇的功能,因此人人都应学一点赞扬术,但决不能变成“马屁精”。

拍马屁,可以逗得上司老板开心,赢得他们对自己的关注。这对自己是很有好处的。武侠小说家金庸所著《鹿鼎记》,主角韦小宝便是个马屁大王,虽然身无长技,但一副天下无双的拍马技术拍得康熙皇帝优哉游哉,结果平步青云,官封大将军,爵封鹿鼎公,实是混世之人皆效仿的榜样。当然了,最重要的还是要研究真本事,做好本职工作。拍马之术,聊供闲来研究。因为老板们成功之前,多经历过一番艰难,心里明白得很:什么样的人才是真正的人才。他们是不会起用一个只会溜须拍马而没真本事的人的。

3 心里想好，嘴里绕弯说

现实生活中需要说话的智慧，同样的话可以有不同样的说法。这绝不是见人说人话，见鬼说鬼话，这是一门说话技巧。

据说在某国的教堂内，有一天，一位教士在做礼拜时，忽然熬不住烟瘾，便问他的上司："我在祈祷时可以抽烟吗?"结果，遭到了上司的斥责。然后又有一位教士，他也犯了烟瘾，却换了一种口气问道："我吸烟时可以祈祷吗?"上司竟莞尔一笑，答应了他的请求。

说话的方式是否有技巧，有时会决定一个人做事是成功还是失败，这是一件不可否认的潜规则。

职场中一些人的行为模式很特殊，最明显的一点就是，表面上一套，实际上可能是"意在言外"。换句话说，就是嘴上说喜欢"直来直去"，内心深处却并不喜欢"直来直去"。当对方回答"不"的时候，未必真的是"不"，很可能只是碍于面子，第一次需要拒绝来拿拿架子，摆摆谱，或是客套的礼貌性回答。而第二次再恳求时，对方可能就同意了。反过来说，当对方说好的时候，也未必就表示同意，或许只是不愿当面给你难堪而已！明白了这个道理，也就知道为什么在职场中许多事上司说"研究研究"之后便没了下文；为什么对上司提意见"直来直去"的人，却不仅难以获得上司的满意，反而会因此而遭到打击报复。

有一个单位，上司在会议上，提了一项改革计划。在上司的长篇大论之后，照例问问各级主管有没有意见。正当众人都静默无声的时候，却有一个不识相的家伙，立刻站起来，提出他的看法，并针对计划的弊病，说得口沫横飞，最后还提出了另一项改革计划，几天之后，他被调职了。不久，又因为犯了点小错，被上司降级下放到一个偏僻的仓库当了一名“超配”的副主任。

上司既然会在会议中先提出计划，就是摆明了要大家等一下表决时，全部没意见通过。表决当然也只是走走形式而已，否则在计划公布之前，他自会先私下征询部属的意见。如果是公开要各级主管做评估时，可别当真，他只是给大家面子而已。换句话说，上司问大家有没有意见，实际上就是要告诉大家——不准有意见。

职场潜规则认为，要想获得为人处世的成功，必须懂得察言观色，善加分辨，认清对方是真要你开口，抑或只是礼貌性的客套。最好在说话时巧妙地拐个弯儿，千万不要“乱放炮”。因为每个人都需要自尊，需要面子。直来直去，实际上就是“不给面子”，使对方心中不快，以至造成双方关系破裂，甚至反目成仇。事后想想，仅仅因为区区小事，非原则性问题而失去上司的赏识，真是毫无意义。

因此，直来直去这种说话方式对知己知彼的好友而言还是比较让人接受的。但就下属与上司之间的关系来看，说话也直来直去恐怕就多有不妥了。所以，潜规则要求下属与上司谈话时，最好多绕个弯，少直来直去。绕个弯是指从题外话说起，而这题外话又必须是和上司有关的。这就需要说话者应该具备相当水平的巧嘴了。

比如生活方面，你找个理由把老板赞赏一顿，老板心里自然会产生一种莫名的暖意，有了这种暖意，你和他往下谈话的闸门就可以在轻松的气氛中打开了。

员工小姜，特惧老板，偏偏有一天，老板指令要和他一起出差，这可愁坏了小姜。在火车上，他们俩简单地寒暄了几句以后，便各就各位在自己的铺位上，一路沉默无语。小姜心里憋得慌，双眼极不自在地这里溜溜，那里瞧瞧，唯独不敢看老板一眼。

小姜很想打破僵局，可是他恐于自己笨嘴拙舌，不知道从何入题。

突然，小姜瞥见老板穿的西装上有“皮尔·卡丹”的标识，非常显眼，于是就说：“老板，你这西装真有品位，穿着它显得特精神，在哪里买的？”

原本只是没话找话，但老板一听，顿时眼睛发起了光：“这套西装啊，是我上次去福建时买的，皮尔·卡丹可是名牌呢！”老板的话匣子一下子打开了，开始滔滔不绝地讲述自己在服装搭配上的心得，还善意地指出了小姜平时在工作中着装、言谈等方面的不足。两人言谈甚欢。

小姜后来跟同事谈起如上的际遇后，深有感触地说：“我无意中露出一句绕弯的赞美，竟能引出他那么多让我心动的话。真是太神奇了！”

谈话中赞美对方衣饰细节的变化，能迅速拉近双方间的距离。小姜正好歪打正着。仅仅对一套西装的赞美，小姜和老板之间的僵局马上被打破，关系也改善了，顺便还了解到老板的个人喜好，这可是任何直入式的谈话都达不到的效果啊！实际上，老板也是人，也需要与他人的沟通。只是因为职位的不同，老板与下属之间才有了一些莫名的鸿沟。一旦这条鸿沟通过巧言冲破，这样交流起来很容易了。

4　见什么人说什么话

职场里“见人说人话，见鬼说鬼话”，按照传统观念的理解，似乎有点“墙头草，随风倒”的感觉，也略显油嘴滑舌。然而在现今社会中，不这样做的话你很可能会什么事也办不成。见人说人话，见鬼说鬼话，见了官场说官场上的话，见了生意人说生意场中的话，这一般用来批评别人的油滑、投机、不诚恳,可以说是一句骂人的话。而在职场里我们要开始重新看待这句话。

“见人说人话”,就可以和“人”沟通。“见鬼说鬼话”,就可以和“鬼”沟通。见人说鬼话,见鬼说人话,就没法沟通了。所以,“见人说人话,见鬼说鬼话”是“沟通”的秘诀,也是和别人相处、交朋友、给人好印象、了解对方的秘诀,这是一种职场潜规则。也就是说:与对方交谈时,应尽量使用对方能够认同的语言,并说对方熟悉、关心的话题。

比如说,和上海人说话就用“阿拉”,和北京人说话就学学京腔……说得不地道没关系,只要你说了,便能获得他们对你的认同。在话题方面,比如你和有小孩的女性说话,可以说说孩子教育和柴米油盐酱醋茶;和贸易公司的职员说话,可以说说市场景气问题……说得不深入没关系,只要你开口了,他们便会不由自主地告诉你很多关于他自己和工作上的事情,如果你还善于引导,他恐怕连心事都要掏出来了。

“见人说人话,见鬼说鬼话”在职场潜规则上是很有用的一招,他的厉害在于抓住了人常以自我为中心的弱点,在言语上让对方的自我获得满足,对方的防卫意识便会松软下来,并且把你对他的客套、亲切,当成你对他的关心,于是就对你产生好感。结果是,你了解他已有三四分,他对你一无所知。

“见人说人话,见鬼说鬼话”,虽然不一定会和对方建立亲密的关系,但绝对是接近对方、和对方建立初步关系的好方法。

有一则笑话,颇能说明如何“见什么人说什么话”。说是某人擅长奉承,一日请客,客人到齐后,他挨个问人家是怎么来的。第一位说是坐出租车来的,他大拇指一竖:“潇洒,潇洒!”第二位是个领导,说是亲自开车来的。他惊叹道:“时髦,时髦!”第三位显得不好意思,说是骑自行车来的。他拍着人家的肩头连声称赞:“廉洁,廉洁!”第四位没权也没势,自行车也丢了,说是走着来的。他也面露羡慕:“健康,健康!”第五位见他语言高超,想难一难他,说是爬着来的。他击掌叫好:“稳当,稳当!”

看到这里，你也许会捧腹大笑，但细细思忖之下，定能悟出见什么人说什么话的奥妙之所在。

职场里，说话要想赢得对方的好感，就必须时刻留意对方的兴趣、爱好，明白对方的意图，理解对方的心思，这样才能投其所好，“对症下药”。也就是说，看到对方喜欢什么，你就要顺着他喜欢的话去说，顺着他喜欢的事去做；看到对方厌恶什么，忌讳什么，就要避开他忌讳的不说，避开他厌恶的事不去做。这样，对方就会觉得你是他的知心人，便会把你视为知己，碰上事情就会多为你说话、替你出力。你就会多一个朋友、多一条路。

有个青年想向一位老中医求教针灸技巧，为了博得老中医的欢心，他在登门求教之前作了认真细致的调查了解：他了解到老中医平时爱好书法，遂浏览了一些书法方面的书籍。起初，老中医对他态度冷淡，但当青年人发现老中医案几上放着书写好的字幅时，便拿起字幅边欣赏边说：“老先生这副墨宝写得雄劲挺拔，真是好书法啊！”对老中医的书法予以赞赏，促使老中医升腾起愉悦感和自豪感。接着，青年人又说：“老先生，您这写的是唐代颜真卿所创的颜体吧？”这样，就进一步激发了老中医的谈话兴趣。果然，老中医的态度转化了，话也多了起来。接着，青年人对所谈话题着意挖掘、环环相扣，致使老中医精神大振，谈锋甚健。终于，老中医欣然收下了这个“懂书法”的弟子。

你从青年人与老中医交往的事例中难道没受到什么启发吗？

在职场中，需要与不同身份的人交际说话，因此，针对不同的身份，所选话题也应有所不同，即要选择与之身份、职业相近的话题。比如，你在旅途上遇到了一位老农民，如果你把话题引向现代女性的美容上去，肯定是“驴唇不对马嘴”了。倘若你说：“大叔，今年的收成咋样啊？每亩地能收多少？”这样，就能激起老农与你谈话的共鸣点和兴奋点。

要赢得别人的喜欢，就要谈论别人感兴趣的事。因此，在职场上有经验的人都知道，遇到老人就一定要去谈他的小孙子、小孙女，在老人的心目中，他的小孙子是最可爱的，很多大人物出去旅游、办公事甚至植树，都要将小孙子带上，你给老人买东西还不如给小孙子买东西，让他印象深刻。遇到对方有位小孙子，你就猛夸他小孙子真聪明、真活泼，小孩子聪不聪明谁知道呢？反正这话对方肯定乐意听。

职场里，如果能较好地运用上述方式方法，就能把话说到对方的心坎儿上，就会使你“言”到功成！换句话说，只要你能投其所好，见什么人说什么话，便一定能够成为职场的大赢家。

5　出门观天色，进门看脸色

在职场里，说话讲究“出门观天色，进门看脸色。”观天色，可推知阴晴雨雪，携带雨具，以不受日晒雨淋。看脸色，便可知其情绪。一个人的面部表情显示的神态不同，情绪也就不同。在职场里，学会察言观色，实在是不可忽视的潜规则。

有位记者去某足球队采访，一进门，发现休息室气氛沉闷，教练铁青着脸，双眼圆睁。队员们耷拉着脑袋，垂头丧气。他赶紧退了出去，取消了这次采访。后来，他打听到，球队刚刚在比赛中吃了败仗，正在怄气。倘若当时他不看脸色，硬要不识趣地去采访吃了败仗的足球队，不但不会有什么收获，而且还会挨骂。

看来，这位记者颇有经验，懂得采访的“火候”。俗话说：人好水也甜，花好月也圆。人在高兴时，心情舒畅，看见高楼大厦，会想到“凝固的音乐”。看见车水马龙会想到“滚动的音乐”。情绪好，容易体谅人，礼让、关心和帮助他人，也乐意与人攀谈，接受别人的邀请，甚至看见小狗也可能热情地打个招呼。正所谓“人逢喜事精神爽”嘛！而人在烦恼时，心情抑郁，欣赏“田园交响曲”，也会觉得是噪音。

因此，在职场学会察颜观色，留意对方的表情，互谅互让，该躲则躲，当止即止，就可避免许多不必要的纠纷。

孩子在学校挨了批评而他确实并没有错，闷了一肚子气。他闷闷不乐回到家里，父亲看到他，也不问发生了什么事，张口就开始教育：“瞧你无精打采的样子，像个什么？我像你这么大的时候……”孩子越听越烦，觉得脑袋都要爆炸了。于是，连他自己也说不清是为什么，把书包往地上一摔，大喊一声：“烦死人了！”父亲以为孩子这样顶撞大人还行，一巴掌打过去，孩子哭着跑开了。

假如这位父亲善于察言观色，发现孩子表情与以往不同，采用安抚疼爱的方法，细心开导，不仅不会把孩子打跑，致使父子关系恶化，而且还会给予孩子以心灵的抚慰，加深父子感情。

在职场中，如果我们每个人都能察言观色，及时地改变先前的决定，及时地退或进，及时地把自己的言行组合或分解，及时地控制自己的喜怒哀乐，那么，人际交往一定会更加和谐。当然那种阿谀奉承，吹牛拍马，唯上司命是从，为了个人一己利益，专看脸色行事的“小人”，理应受到的是鄙弃。因为察言观色不是为了瞄准后准确射击，而是与他人站在同一水平面上，旋转或是飞跃。察言观色，不是为了自己的安全，而是为了与他人一起乘舟出航，决胜职场。

有位心理学家曾讲过：“在世界的知识中，最需要学习的就是如何洞察他人。”出门观天色，进门看脸色是一个重要的职场潜规则。可以说，每一个拥有良好人际关系的人，每一个善于驾驭人的人都是善于察言观色的职场高手。

6 场面话可听不可信

什么是“场面话”？简而言之，就是让人高兴的话。既然是场面话，也就可想而知是在哪个“场合”才讲的话，这种话不一定代表说话者内心的真实想法，也不一定合乎事实，但讲出来之后，就算人家明知是“言不由衷”，也会感到高兴。说起来，讲“场面话”实在无聊之极，因为这几乎跟“虚伪”画上等号，但职场就是这样，不讲就不通人情世故了。

在职场中，要避免矛盾，稳中求安，场面话不可少说。场面话很虚伪，但有时候不得不说，其中两种话特别要多说：一种是不离谱的赞扬话；一种是不一定马上兑现的承诺。

年轻人一踏入职场，应酬的机会就多了，这些应酬包括去人家做客、赴宴、酒会、会议或其他聚会等。不管你对该次应酬满不满意，“场面话”一定要讲。

现在，职场里会说“场面话”的人越来越多，但能真正办实事的人却越来越少。无论哪一个人，有时都会说或听到一些冠冕堂皇的“场面话”，如果你将这些话当真了，那就是纯粹的天真了。

刘伟在一事业单位工作，十几年没有升迁，于是通过朋友牵线，拜访一位负责调动的人事主管，希望能调到别的单位，因为他知道那个单位有一个空缺，而且他也符合资格。

那位主管表现得非常热情，并且当面应允：“没问题！”

刘伟兴冲冲地回家等消息，谁知半个月、一个月、两个月过去，一点消息也没有。打电话去，不是不在就是“正在开会”。问朋友，朋友告诉他，那个位置已经有人捷足先登了。他非常气愤地问朋友：“那他又为什么对我说没有问题?”他的朋友也不知如何回答是好。

其实，这件事的真相是那位主管说了“场面话”，而刘伟由于阅历太少信了他的“场面话”。“场面话”是人际交往中说话必需的应酬之一，而说“场面话”也是一种职场智慧。这不是罪恶，也不是欺骗，而是一种职场潜规则。

有位理发师傅带了个徒弟。徒弟学艺三个月后，这天正式上岗，他给第一位顾客理完发，顾客照照镜子说:“头发留得太长。”徒弟不语。

师傅在一旁笑着解释:“头发长，使您显得含蓄，这叫藏而不露，很符合您的身份。”顾客听罢，高兴而去。

徒弟给第二位顾客理完发，顾客照照镜子说:“头发剪得太短。”徒弟无语。

师傅笑着解释:“头发短，使您显得精神、朴实、厚道，让人感到亲切。”顾客听了，欣喜而去。

徒弟给第三位顾客理完发，顾客一边交钱一边笑道:“花时间挺长的。”徒弟无言。

师傅笑着解释:“为‘首脑’多花点时间很有必要，您没听说:进门苍头秀士，出门白面书生吗?”顾客听罢，大笑而去。

徒弟给第四位顾客理完发，顾客一边付款一边笑道:“动作挺利索，20分钟就解决问题。”徒弟不知所措，沉默不语。

师傅笑着抢答:“如今，时间就是金钱，‘顶上功夫’速战速决，为您赢得了时间和金钱，您何乐而不为?”顾客听了，欢笑告辞。

晚上打烊。徒弟怯怯地问师傅:“您为什么处处替我说话? 反过来，我没一次做对过。”

师傅宽厚地笑道:“不错，每一件事都包含着两重性，有对有错，有利有弊。我之所以在顾客面前鼓励你，作用有二:对顾客来说，是讨人家喜欢，因为谁都爱听吉言;对你而言，既是鼓励又是鞭策，因为万事开头难，我希望你以后把活做得更加漂亮。”

徒弟很受感动，从此，他越发刻苦学艺。日复一日，徒弟的技艺日益精湛。

职场中，我们不仅要会干，也要会说。我们在日常办一件极普通的小事，由于说话水平不同，所获得的效果和回报也大不相同。一般来说，“场面话”有以下几种：

当面称赞人的话：诸如称赞你的小孩儿可爱聪明，称赞你的头发乌黑发亮，称赞你教子有方……这种场面有的是实情，有的则与事实有相当的差距，但只要不太离谱，听的人十之八九都感到高兴，而且旁边人越多他越高兴。

当面答应人的话：诸如“没问题”“我全力帮忙”“有什么事尽管来找我”等。说这种话有时是非说不行，因为对方运用人情压力，当面拒绝会很难堪，而且会立马得罪一个人；若对方缠着不肯走，那更是麻烦，所以用“场面话”先打发，能帮忙就帮忙，帮不上忙或不愿意帮忙再找理由，总之，有“缓兵之计”的作用。

所以，“场面话”想不说都不行，因为不说，会对你的人际关系有所影响。不过，千万别相信“场面话”。对于称赞或恭维的“场面话”，你要保持冷静和客观，千万别两句话就乐昏了头，因为那会影响你的自我评价。冷静下来，反而可看出对方的用心如何。对于满口答应的“场面话”，你要保留态度，以免希望越大，失望也越大；只能“姑且信之”，因为人情的变化无法预测，你既测不出他的真心，就要有最坏的打算。要知道对方说的是不是“场面话”也不难，事后求证几次，如果对方言辞闪烁，虚与委蛇，或避不见面，避谈主题，那么对方说的就真的是“场面话”了。所以对这种“场面话”，一定要有清醒的头脑，采取必要的措施，否则可能会误你的事。

7　把握说“不”的分寸

职场上，有答应也有拒绝。不过怎样拒绝是有讲究的。拒绝得法，对方便心悦诚服；如果拒绝不得法，一定会使人对你不满，甚至怀恨你、仇恨你。

小蒋所在的一家文化公司，最近要赶在国庆黄金周之前摄制一档特别节目送电视台播出。身为编辑部主任的小蒋，在这个时候一方面要统筹部门的采编播安排，一方面又要协调与策划部的沟通，忙得马不停蹄。而偏偏在这个时候，新来的策划部主管以业务不熟悉为由，想把选题策划这一部分的工作甩给小蒋来做。

小蒋心里很明白，这次策划的难度比较大，做好了的话，是策划部的功劳，搞不好的话，被领导横挑鼻子竖挑眼，实在是费力不讨好。而且最关键的是她大部分的时间和精力都用在了编辑部的日常工作上，根本无暇他顾。但是她又不能简单地一口回绝，毕竟策划部、编辑部这两大部门的合作是最频繁的，搞僵了关系，工作上会掣肘。

因此，小蒋坦诚地对策划部主管说道：

“我理解你的难处，这个时候我们两个部门是最辛苦的，而且你刚来就接手这么重大的策划活动，压力可能会更大。你看这个问题可不可以这样解决：主要的策划案还是由你们策划部来出，我这里可以抽调一个资深编辑，在这期间做你的助手，帮你熟悉流程和我们这里的选题风格。你觉得会对你有帮助吗？”

策划部主管：“比我原来的主意好很多。”

小蒋：“现在还有个问题是，因为这个安排涉及一名编辑的临时工作调配的问题,我们还得和老总商量一下。你什么时候有空?"

策划部主管(很配合地):"看你的时间安排吧。"

事实证明,小蒋的安排是非常成功的。

在职场里,怎样拒绝兄弟部门抛给你的枯燥、乏味,而且费力不讨好的"烫手山芋"工作要讲究方式方法。面对对方在关键时刻抛过来的"烫手山芋",小蒋不急不恼,不抵触。话一出口,先站在对方的立场上,表示理解对方的难处和苦衷,同时也带出了自己部门的困难;而给出的方案不但解决了对方的实际问题,而且也使自己全身而退,并且还以一种巧妙的方式让老总看到了小蒋作为一个部门主管,在关键时刻顾大局,识大体的品质。

当然,在这种情况下,小蒋也可以毫不夸张、直截了当地向对方"哭哭穷",讲讲自己的难处,然后建议策划部主管找老总解决问题,到头来可能解决的方式是一样的。但是那样的话,他留给同事和老总的印象可就不是这个脸笑、嘴甜、心眼好的小蒋啦。

在职场里,拒绝的艺术,无疑是让我们多一分含蓄,多一分理解。如果人人都可以接受拒绝的艺术,那么在我们的生活中,就会减少更多的争执与误解。拒绝既要有力度又要不伤人,是很难让人把握的。因此对人说"不"的时候,意思一定要明确,防止不必要的误解。至于方式大可灵活些,运用一定的技巧:

1. 用沉默表示"不"

当别人问:"你喜欢某某吗?"你心里并不喜欢,这时,你可以不表态,或者一笑置之,别人即会明白。一位不大熟识的朋友邀请你参加晚会,送来请帖,你可以不予回复。它本身说明,你不愿参加这样的活动。

2. 用拖延表示你的拒绝

一位客人请求你替他换个房间,你可以说:"对不起,这得值班经理决定,他现在不在。"

有人想找你谈话,你看看表:"对不起,我还要参加一个会,改天行吗？”

3.用回避表示“不”

你和朋友去看了一部拙劣的武打片，出影院后，朋友问“这部片子怎么样”？你可以回答：“我更喜欢抒情点的片子。”

你正发烧，但不想告诉朋友，以免引起担心。朋友关心地问：“你试试体温吧？”你说：“不要紧，今天天气不太好。”

4.用客气表示拒绝

当别人送礼品给你，而你又不能接受的情况下，你可以客气地回绝：一是说客气话；二是表示受宠若惊，不敢领受；三是强调对方留着它会有更多的用途等。

5.用外交辞令说“不”

外交官们在遇到他们不想回答或不愿回答的问题时，总是用一句话来搪塞：“无可奉告。”工作中，当我们暂时无法说“是与不是”时，也可用这句话。还有一些话可以用来搪塞：“天知道。”“事实会告诉你的。”“这个嘛……难说。”等等。

总之，职场里学会委婉的拒绝，恰当地说“不”并不是一件难事。只要理解了拒绝的潜规则，用最理想的方式表达自己的否定想法，并把它融入到你的实际工作中，一定会对你的职业发展有所帮助。

8　祸从口出，管好自己的嘴

中国有句俗话：“宁在人前骂人，不在人后说人。”这个意思就是说，别人有缺点有不足之处，你可以当面指出，令他改正，但是千万别当面不说，背后说个没完。职场里，这样的人不仅会令被说者讨厌，同样也会令听者讨厌。

《伊索寓言》里讲过这样一个故事：

有一头狮子老了，病倒在山洞里。除了狐狸外，森林里所有的动物都来探望过他们的国王。狼因为对狐狸有所不满，就利用探病的机会在狮子面前诋毁狐狸。

狼说："大王，您是百兽之王，大家都很尊敬、爱戴您！可是，您现在生病了，狐狸偏偏不来探望您，他一定是对大王心怀不满，所以才会这样怠慢您啊！……"

正说着，恰好狐狸赶来了，听见了狼说的最后几句话。一看见狐狸走进来，狮子就气愤地对着他大声怒吼起来，并说要给狐狸最严厉的惩罚。

狐狸请求狮子给自己一个解释的机会。他说："到您这里来的动物，表面上看起来很关心您，可是，他们当中有谁像我这样为您不辞劳苦地四处奔走，寻找医生，问治病的方子呢？"

狮子一听，便命令狐狸立刻把方子说出来。狐狸说："只要把一只狼活剥了，趁热将他的皮披到您身上，大王的病很快就会好了！"

于是，顷刻之间，刚才还在狮子面前活灵活现地说狐狸坏话的狼，就变成了一具死尸，躺在地上了。狐狸笑着说："你不应该挑起主人的恶意，而应当引导主人发善心。"

职场里，那些喜欢搬弄是非、挑拨怨仇，到处说别人坏话的人，最终都会使自己受害。即使能够伤到别人，那也只是暂时的，却不可能使自己长期受益。俗话说："纸里包不住火"，若要人不知，除非己莫为，说别人的坏话，迟早都会传到别人的耳朵里面去，结果必将引来仇恨和报复。

而当你多说别人的好话时，不管是当面说的，还是背后说的，最后也都会传到你说的人那里去。而且，在背后多说人好话，比当面直接说的效果往往更好。

因此，给自己的嘴巴留个把门的，不乱讲话，这对你的职业发展大有裨益。

职场中的有些事情，是不能用是非曲直把它说清楚的，抑或根本就没有必要去分出个是非高下。只有公堂之上的审判官才必须用是与非来评判受审者，为的是还给他自由或剥夺他的自由，那是一种无奈的职业。图自己一时的痛快，全然不顾他人的感受，对于那些工作上的鸡毛蒜皮之事，既使你对了他错了又能说明什么问题呢？结果并不见得是对方承认你聪明，反而倒是彼此在心上拉开了一段距离，影响了朋友之间的和睦气氛。

因此，不轻率地批评别人，对待朋友、家人、同事都不能过于苛刻，处理事物时要处处留有分寸，看待周围的人时多从好处着眼，只要大是大非不乱，小是小非就不要去深究了。这样天长日久，在你身边必定会形成和谐顺畅的氛围。

9　装聋作哑好处多

只要有人的地方，就会有斗争。职场也是如此！因此你要有面对不怀善意的力量的心理准备，你可以不去攻击对方，但保护自己的防护网一定要有，那就是：与其咄咄逼人，不如装聋作哑！

一般来说，聋哑之人是不会和人起争斗的，因为他听不到，说不出，别人也不会找这种人斗，因为斗了也是白斗。不过大部分人不聋又不哑，一听到不顺耳的话就要反击，其实一反击就中了对方的计，不反击，他自然就觉得无趣了。如果还一再挑衅，只会凸显他的好斗与无理取闹。因此，面对你的沉默，这种人多半会在几句话之后就仓皇地且骂且退，离开现场；如果你还装出一副听不懂的样子，并且发出“啊”的声音，那么更能让对方败走！

某机关有一个女孩子，平日只是默默工作，并不多话，而且和人聊天也总是微微笑着。有一年，机关里来了一个好斗的女孩子，很多同事在她主动发起攻击之下，不是辞职就是请调。最后，矛头终于指向了那位沉默的女孩子。

一天，这位好斗的女孩子抓到了那位一贯沉默的女孩子的把柄，立刻点燃火药，噼里啪啦一阵猛轰。谁知那位女孩子只是默默笑着，一句话也没说，只偶尔问一句："啊？"最后，好斗的那个主动鸣金收兵，但早已气得满脸通红，一句话也说不出来。过了半年，这位好斗的女孩子由于树敌太多，最终也自请他调。

看到这里，你一定会说，那个沉默的女孩子涵养实在太好了。其实真相并不是这样，而是那位女孩子天生就听力不大好，虽然理解别人的话不至有困难，但总是要慢半拍，而当她仔细聆听你的话语并思索你话语的意思时，脸上又会出现无辜、茫然的表情。你对她发作那么久，那么卖力，她回你的却是这种表情和"啊"的不解声，难怪要斗不下去，只好鸣金收兵了。这个故事说明了沉默力量的伟大。因为面对沉默，所有的语言力量都消失了！所以，在有些时候，装聋作哑也是化解尴尬的重要潜规则。

一位师范大学的学生，在毕业前夕好不容易找到一家相当不错的中学实习，谁知实习所上的第一堂课，就差点出错，幸亏这位实习生脸皮比较厚，在突然出现的变故面前装聋作哑，从而摆脱尴尬境地。

这天，实习生刚在黑板上写了几个字，学生中突然有人叫起来："老师的字比我们李老师的字好看多了。"

真是一语惊四座。稚嫩的学生哪能想到：此时后座的班主任李老师是怎样的尴尬！对这位实习生来说，初上岗位，第一堂课就碰到这般让人难堪的场面，的确令人头疼，以后怎样同这位班主任共度实习关呢？转过身来谦虚几句，行吗？绝对不行！这位实习生灵机一动，脸上看起来若无其事，装作没有听到，继续写了几个字，然后头也不回地说："不安安静静地看课文，是谁在下边大声喧哗。”

此语一出，使后座的李老师紧张尴尬的神情，顿时轻松多了，尴尬局面也随之轻松消除。

这位实习生的做法就是装聋作哑，因为他装作没听清学生的议论，避实就虚，即避开“称赞”这一实体，装作没有听清楚，而攻击“喧闹”这一虚像。既巧妙地告诉那位班主任“我”根本没有听到；又打击了那位学生的称赞兴致，避免了他误认为老师没有听见的可能，再称赞几句从而再次造成尴尬局面。

10 会说的不如会听的

在职场中，人与人之间的主要交流方式是谈话。但是在同事之间、朋友之间、客户之间的交谈中，人们往往忽略了倾听的作用。君不见，在人的五官中，长了两只耳朵，却只有一张嘴，这无不说明倾听要比说话更重要。

聆听是搞好人际关系的重要潜规则。不重视、不善于倾听就是不重视、不善于交流。交流的一半就是用心倾听对方的谈话。不管你的口才有多好、你的话有多精彩，也要注意听听别人说些什么，看看别人有些什么反应。俗话说得好：“会说的不如会听的。”也就是说，只有会听，才能真正会说；只有会听，才能更好地了解对方，促成有效的交流。尤其是和有真才实学的人交谈，更要多听，还要会听。所谓“听君一席话，胜读十年书”，其实也正是这个意思。

那么，是不是我们什么都不说，只一味地去听呢？当然不是。假如一句话都不说，别人即使不认为你是哑巴，也会认为你对谈话一点兴趣都没有，反应冷漠。这样会使对方觉得尴尬、扫兴，不愿再说下去。到底多说好，还是少说好呢？这就要看交谈的内容和需要了。如果你的话有用，对方也感兴趣，当然可以多说；倘若你的话没有什么实质内容和作用，还是少说为佳。即使你对某个话题颇有兴趣和见解，也不要滔滔不绝、没完没了，更不要打断别人抢话，因为那样会招致对方厌烦，甚至破坏整个谈话气氛。

美国汽车推销之王乔·吉拉德曾有一次深刻的体验。一次，某位名人来向他买车，他推荐了一种最好的车型给他。那人对车很满意，并掏出10000美元现钞，眼看就要成交了，对方却突然变卦而去。

乔为此事懊恼了一下午，百思不得其解。到了晚上11点他忍不住打电话给那人："您好！我是乔·吉拉德，今天下午我曾经向您介绍一部新车，眼看您就要买下，却突然走了？"

"喂，你知道现在是什么时候吗？"

"非常抱歉，我知道现在已经是晚上11点钟了，但是我检讨了一下午，实在想不出自己错在哪里了，因此特地打电话向您讨教。"

"真的吗？"

"肺腑之言。"

"很好！你用心在听我说话吗？"

"非常用心。"

"可是今天下午你根本没有用心听我说话。就在签字之前，我提到我的儿子吉米即将进入密执安大学念医科，我还提到他的学科成绩、运动能力以及他将来的抱负，我以他为荣，但是你毫无反应。"

乔不记得对方曾说过这些事，因为他当时根本没有注意。乔认为已经谈妥那笔生意了，他不但无心听对方说什么，反而在听办公室内另一位推销员讲笑话。这就是乔失败的原因：那人除了买车，更需要得到对于一个优秀儿子的称赞。美国的职场环境虽然与中国的职场环境有所不同，但道理却是相通的。在职场里会说也要会听。

职场里,听话也有诀窍。当某人讲话时,有的人目光游离、心不在焉,给人一种轻视谈话者的感觉,让对方觉得你对他不满意,不愿再听下去,这样肯定会妨碍正常有效的交流。当然,所谓注意听也不是死盯着讲话者,而是适当地注视和有所表示。

只要将人际关系融洽的人和人际关系僵硬的人作个比较,就会明白,越是善于倾听他人意见的人,人际关系就越理想。就是因为,聆听是褒奖对方谈话的一种方式。注意倾听不仅具有重要的意义,而且还能给我们带来许多好处。

比如,可以及时捕捉宝贵的信息,获取重要的知识和见解。在现实生活中,只要留心倾听,就会不断有所收获。即使是看似平常的言论,也往往包含着许多宝贵的信息和智慧的哲理,从而触发自己的思考、产生灵感的火花。

比如,可以了解谈话者的意图。每个人在谈话时,都会不自觉地显露出自己的起初想法,只要细心分辨,就不难把握。对于说话条理不清的人,要想抓住他的真实想法,就更需要听清他的每一句话。

潜规则四

有“关系”胜过有能力

若想在职场中游刃有余，就必须上有靠、下有落，要学会在自己身边编织关系网。朋友多了路好走，要知道无论你取得什么成就，主要取决于那些对你有信心并信任你的朋友们。相交的人多了，好朋友多了，机遇才会增多，多结善缘才能使自己左右逢源。

1 多一个朋友多一条路

职场上多一个朋友多一条路，少一个朋友添一堵墙。多交朋友少树敌是不变的职场潜规则。职场风云瞬息万变，别人伸出一只援手或伸脚使个绊子，都可能改变你的一生。

李维从父亲的手中接过了一家食品店，这是一家古老的食品店，很早以前就存在而且已出名了。李维希望它在自己的手中能够发展得更加壮大。

一天晚上，李维在店里收拾，第二天他将和妻子一起去度假。他准备早早地关上店门，以便做好准备。突然，他看到店门外站着一个年轻人，面黄肌瘦、衣服褴褛、双眼深陷，典型的一个流浪汉。

李维是个热心肠的人。他走了出去，对那个年轻人说道："小伙子，有什么需要帮忙的吗？"

年轻人略带点腼腆地问道："这里是李维食品店吗？"他说话时口音带着浓重的四川味。"是的。"

年轻人更加腼腆了，低着头，小声地说道："我是从四川来找工作的，可是整整两个月了，我仍然没有找到一份合适的工作。我父亲年轻时也来过这里，他告诉我他在你的店里买过东西，喏，就是这顶帽子。"

李维看见小伙子的头上果然戴着一顶十分破旧的帽子，那个被污渍弄得模模糊糊的符号正是他店里的标记。"我现在没有钱回家了，也好久没有吃过一顿饱餐了。我想……"年轻人继续说道。

李维知道了眼前站着的人只不过是多年前一个顾客的儿子，但是，他觉得应该帮助这个小伙子。于是，他把小伙子请进店内，好好地让他饱餐了一顿，并且还给了他一笔路费，让他回家。

不久，李维便将此事淡忘了。过了几年，李维的食品店越来越兴旺，开了许多家分店，他于是决定向省外扩展，可是由于他在省外没有根基，要想从头发展也是很困难的。为此李维一直犹豫不决。

正在这时，他突然收到一封从四川寄来的信，原来正是多年前他曾经帮过的那个流浪青年。

此时那个年轻人已经成了四川一家大公司的总经理，他在信中邀请李维来四川发展，与他共创事业。这对于李维来说真是喜出望外，有了那位年轻人的帮助，李维很快在四川建立了他的连锁店，而且发展得异常迅速。

工作中，我们不能缺少朋友。多结交一个朋友就多一条路。在你最困难的时候，往往是你的朋友帮助了你；离开了朋友，你往往就会陷入无助之中。因此，职场中的你千万别远离了朋友，要知道朋友是你人生中一笔巨大的财富，是关键时刻拉你一把的靠山。

现代职场，形势瞬息万变，下一分钟你将会遇到什么事情真是难说。这些疑窦不仅是在诡谲多变的政治领域才会发生，每个人的人生旅途上都会有同样的境遇。当生病、挫折、失恋、失业等不幸的情况来临时，倘若在你的身边有着能向你伸出援手、对你给予温暖鼓励的朋友，此时，你的心里该是如何的踏实！

俗话说：“在家靠父母，出门靠朋友。”究其实质，这句话是非常正确的。一个人长大成人之后，脱离了父母，一旦有了什么难处，身边除了老婆孩子，不靠朋友又靠谁呢？如果有人问：“你有没有朋友？”一定有很多人答不上来，即使能够回答得出来，大致也都是学生时代的同学或办公室合得来的同事，所想得出来的不过几个人而已。这些关系虽然也可直接结为朋友，但是严格地讲起来，朋友的关系范围应更广，基础更深才行。

有时，我们在阅读名人传记时，会发现那些成功的人士似乎都有深厚的“背景”，查一查那些政治界、金融界的名人家谱，他们的祖宗三代地位显赫,无论祖父、祖母、父亲、母亲都出于名门,似乎国家的命运都掌握在他们的手中,人家有如此雄厚的人际关系资本,简直让平头百姓羡慕不已。

由此观之,仿佛广交朋友是和我们普通人绝缘的,其实不然,我们知道,交友是每个人所必需的,并不是政治家或金融家的专利,而且如果渴望广结人缘,在我们周围,就有不少人选,待你去发现。

比如你的长辈、兄弟在哪一家的公司做事,而工作内容和你毫不相关,同时他们也交有一些朋友,就这样,长辈和兄弟也可以作为你广结人缘的桥梁,也就是说,如果以长辈和兄弟为媒介,还能够找到更多的朋友。

再看看你父亲的那一边吧!假如父亲的兄弟还健在的话,以年龄来看也许已经达到相当的地位了;同样的,你母亲这边也应检查一下,同辈的堂表兄弟们,也可以作为你交友的来源。此外,连你的姻亲,都是广结人缘的对象……就这样靠你血缘的关系,也可以使你的交友网络逐渐地扩大起来。

其次把目标转移到你的家乡,“老乡见老乡,两眼泪汪汪”,“亲不亲,故乡人”,由于同乡的关系,能够顺利地结成朋友。

再来谈谈同学!你们也许是曾在一个球队一起赛球的队友;也许是一起参加某个社团的朋友;还有可能毕业后在同一个单位工作过,这些人都是你结交的有利对象。

因此,在职场里,只要你有心广结缘,机会多的是。

2 建好“人情账户”

作为高智商的人类是有感情的,而感情正是人与人之间相互联系的纽带。中国人通常把人与人之间的感情称作“人情”。职场上绝大多数人在办事时都信奉这两个字的功力。通常人们在办事时所说的“托关系、走后门”，其实就是靠人情办事。这是很悠久的职场潜规则。

人情这东西是怎样获得的？很多时候是你通过帮别人忙和给别人办事而获得的。帮过别人的忙，别人就欠下了你的人情，帮助别人越多，别人欠你的人情就越多。

但获得人情也不是很容易的事情。凭借三天两早晨的功夫，是得不到丰厚人情的。所以，几乎人人都重视人情，珍惜人情。职场上有些人可能去践踏真理，却很少去践踏人情。

生活中很多人都有一本或数本的银行存折，如果你年初有五千元，到了年底，你会发现，存折上不只是五千元，还有利息！同样，职场中的人情关系也是如此。

有一位出版商，他平时即很注重人际关系的建立，不论是大人物或小人物，他都不吝花费地和他们建立关系。据说有一位与他并未谋面的作家因为急需，去向他借钱，他二话不说就掏出两万元。他广结人际关系的结果是，到处都有人帮助他，他也因而得到很多好稿子。后来他在危急时，有很多人帮他渡过难关。

他就是用在银行存钱的方式建立他的人际关系——先存再提！

“先存再提”说来有些“现实”，甚至颇有些“利用、收买”的味道，但若从另一个角度来看，和别人建立良好的人际关系本来就有这样的好处，不能光用“现实”的眼光来看；而这些人际关系，必成为你这一生中最珍贵的资产，在必要的时候，会对你产生莫大的效用。就像银行存款一样，平时少量地存，有急需时便可派上用场。而别人对你的善意的回报，有时是附带“利息”的，就好比银行存款生利息那般。

所以，职场中一个人动用人情的次数，要尽量少，以免提早把人情存款取光。

当医生的王小姐早在两年前曾因自己孩子转学一事曾求过教委的一

个同学，而且也送了些人情钱，可对方没要。这下可好，在接下来的二年内，那位同学便多次带着亲友、朋友来医院找王小姐帮忙，有些事根本不能办，像半价CT、婴儿性别鉴定、高价病房算低价等等，着实给王小姐出了不少难题。还了人情的王小姐，后来就想办法渐渐疏远了这位同学，再后来两人就索性不再交往了。

职场里，依靠人情是有一定限度的，透支了反而令人很尴尬。同样，人情储蓄也不能即存即支。如果你急于找后账，急于在这笔人情账中得到回报，你就犯了人情世故的大忌。你就会在找这笔后账中既丢掉了人情，丢掉了面子，也丢掉了做人的本分。

职场中经常有这样的人，帮了别人的忙，就觉得有恩于人，于是心怀一种优越感，高高在上，不可一世。这种态度是很危险的，常常会引发反面的后果。也就是"帮了别人的忙，却没有增加自己人情账户的收入"，这是因为这种骄傲的态度，把这笔账抵消了。那么，职场中怎样动用人情存款呢？就是说，怎样做才能不透支人情，又能把事情办好呢？这就需要在与人交往和办事时要掌握好如下几个技巧：

1. 尽量把人情用在刀刃上。先弄清你与对方的交情究竟有多少，人情究竟有多重，然后再掂量事情的分量，看看是否适宜找对方帮忙，千万不要没个轻重缓急。如果你不管不顾，动辄就求人帮你的忙，那么随着时间的推移你就会慢慢变成了一个不受欢迎的人。

2. 做好估算，动用人情的次数要尽量少，以免提早把人情存款用光，那样，也会"情到用时方恨少"。人本来是容易忘恩的动物，所以就是对方曾欠你一些人情，你也不可抱着讨人情的心态去要求对方帮忙，因为这有可能引起对方的不快和反感。

3. 不要"剃头的担子——一头热"，要想办法做些适度的回馈，让人家觉得你有"人情"。回馈有很多种，例如主动去帮对方、请吃饭、送礼物都可以。总之，不要把人家帮你忙当成应该的，有借有还，再借不难！

此外，职场中对一些斤斤计较的人要特别注意，你们纵然交情再深，也不可轻易找他帮忙，否则这人情债会就像高利贷那样利滚利，让你吃不消。

3　无事也登“三宝殿”，“关系网”需要时时维护

职场中每一个伟大的成功者背后都有支持者。没有人是靠自己一个人达到事业的顶峰的，一旦你决定要成为出类拔萃的人，你就可以开始吸收大量对你有帮助的人和资源了。而其他各方面有所建树的人是你所有资源中最大的资源。你要做的就是找到他们，构建有助于你的事业的“关系网”。

某单位新来的一位主要领导，需要配备秘书，在多人跃跃欲试、趋之若鹜的情况下，小许被选中了。原因就在于这位领导委托自己的一个下级单某为自己物色秘书，而单某和小许是同学和好朋友，他们都是北京大学中文系的毕业生。单某自然清楚，小许肯定胜任秘书职位，于是就把这个同学推荐出来了。结果，领导本人满意，组织考察合格，正在为前程茫然奔波的小许更是欣喜若狂，因为他找到了自己适合的位置，在当时情况下当上领导的秘书，是他的心愿，也是他成功的一个里程碑。

小许这个里程碑的获得，关键因素是他有那么一个得到领导信任的同学。也许他想不到这个朋友会对他的成功起到至关重要的作用，也许他们之间彼此进行交往的时候，没想到这种交往决定了日后一个人的巨大成功，没想到这种交往就是一个人成功的机遇。因此，从这个意义上说，交往广泛，机遇就多。

职场里，广泛与人交往是机遇的源泉。交往越广泛，遇到机遇的概率

就越高。有许多机遇就是在与朋友的交往中出现的，有时甚至是在漫不经心的时候，朋友的一句话、朋友的帮助、朋友的关心等都可能化作难得的机遇。在很多情况下，就是靠朋友的推荐、提供的信息和其他多方面的帮助，人们才获得了难得的机遇。

因此，职场成功者大多是有关系网的人，这种网络由各种不同的朋友组成，有过去的知己，有近交的新朋，有男的，有女的，有前辈，有同辈或晚辈，有地位高的，有地位低的，有不同行业的，有不同特长的，也有不同地方的……这样的关系网，才是一面比较全面的网络，也就是说，在你的关系网中，应该有各式各样的朋友，他们能够从不同的角度为你提供不同的帮助。关系网既然称作是“网”，就应当具有网的特点。也就是说，在这面网上，朋友的构成有点有面，分布均匀。不懂得交际的人交友却不是这样，他们结交的范围十分狭窄，分布十分不均。只在自己熟悉的范围内认识一些人，而这些人的行业和特长比较单一，这样就构不成一面标准的关系网了。

职场中要维护和扩大“关系网”，不可急于求成。如果是盲目地向前冲，只有使人离你愈来愈远。你的积极进取在别人眼里可能是“不择手段”“没头没脑”的。最糟的情形，可能是使我们想亲近的人纷纷躲避。要建立真正的关系，并不像“攻城略地”一般，可持续发展的“关系”，应该是长久而稳固的。正如一位企业界人士的说法：“我从不相信在三分钟内就跟我称兄道弟的朋友。如果要雇用一个人来做重要的事，我一定要找信得过的人。”

在职场诸多关系网中，以血缘关系为基础的家族关系是最亲密的“关系网”。聪明人当然不会放过利用家族关系来谋利。因为，这是最有效，而“使用成本”又最低的一种关系网，为此，要在家族中确立起好名声。如果你在家族中的声名狼藉，所有人都以与你有“亲”而感到丢人，这时你想利用“家族关系”就难了。因此，保持你在家族中的好名声非常重要。除了家族这种天然的、牢不可破的“关系网”外，其他的“关系网”都是非常脆弱的。如果你不懂得维护，到你真正用时，就会发现这个“关系网”已经停止运转了。职场潜规则认为,维护好“关系网”主要靠一个“好人缘”,这关系到职场中人最后能不能顺利地达到目的。

在职场里,某种意义上“人缘”是一个人安身立命的支撑点。有个“好人缘”,你尽可以实现人生设计中的多种构想;没有“好人缘”,则到处受挫,寸步难移。

职场里,不要与人失去联络,不要等到有麻烦时才想到别人。“关系”就像一把刀,常常磨才不会生锈。若是半年以上不联系,你可能已经失去这位朋友了。比如,试着每天打五到十个电话,不但要扩张自己的“人面”,还要维系旧情谊。如果一天打十个电话,一个星期就有五十个,一个月下来,更可到达二百个。平均一下,你的人际网络中每个月大概都可能增加十几个“有力人士”。不要放弃每一个可利用的目标。与大忙人虽不好联络,并不表示绝对无法接近。不要以为位高权重者都是高不可攀的人物。只要抓住窍门和时机,就能联络到每一个人。这样,你就能在职场路上越走越顺,越过越好。

4　“冷庙”也要勤烧香

在职场里,人与人之间的情谊是一种很微妙的东西,它不是一朝一夕就能形成的。如不注意维护,而是“临时抱佛脚”,显然是行不通的。常言说:“平时不烧香,临时抱佛脚”,这是用来形容那些平时准备工作不做到家而想在短时间取得很好效果的人。事实上,这都不会取得很理想的效果,平时不联系,一旦有急事,就去找别人帮忙,别人肯定不乐意,即使是答应帮忙,也不会尽力去帮。因此,在职场里如果想要建立良好的人际关系,我们要勤烧香。

平时也烧香便是强化感情的一种职场潜规则。一般来说,当我们初识一群人时，交际中进展速度跟接触的频率成正比。也就是说，如果你跟某位刚认识的朋友刚开始时总有机会接触的话，你们的关系很快就会变近，形成比较亲密的群体。道理很简单，为什么你会跟你同办公室的同事、同班的同学很快形成亲密关系而跟其他同事或同学关系就远了一层呢？就是因为你们常常见面，常常接触，彼此很快就认识了、了解了。人与人之间需要经常互通信息，互相交流，才能保持良好的关系。

中国人有很多礼节，讲究"礼尚往来"，碰上婚丧嫁娶等大事，就更是密切联系感情的时候。亲戚朋友一般都要参加，有许多场合还得送礼，这是几千年来的传统，这是很有必要的，因为这是亲朋好友经常保持联系的一种方式。如果一户人家常年关闭门户，既不"出门"，也不欢迎别人"进来"，那只能是孤立了自己，当遇到自己有困难需要寻求帮助时，就会找不到一个可以依靠的人，在这种情况下，你不免要后悔在职场里，"平时不烧香"了。

职场中，"平时不烧香，临时抱佛脚"，"菩萨"虽灵，也不会来帮助你的。因为你平时眼中没有"菩萨"，有事才去找，"菩萨"哪肯做你的利用工具！所以你想请求"菩萨"，应该在平时多烧香。人的飞黄腾达，要靠机遇。你的朋友之中，有没有怀才不遇的人？如果有，这就是冷庙，这个朋友，是个有灵的菩萨，就应该与热庙一样看待他，时常去烧烧香，逢年过节，送些礼物。他是穷菩萨，你送的礼物，务求实惠，但他却不会礼尚往来。不是他不知道还礼，而是无力还礼，虽然他不会还礼，但心中始终会记着这个礼，这是他欠的人情账。人情账越欠越多，他想还的心越急切，一旦他日后否极泰来，他第一要还的人情账当然是你的。他有还账的能力时，你虽然不去请，他也会自动还你。即使他仍在困境中，请求他帮助你办事，他一定也会竭尽全力，且不惜乞援于人，以帮你办成事，而达到还人情账的心愿。所以冷庙烧香，是有利而稳健的人情投资潜规则。

人在职场，有求人之时，也必然有助人之时。但是一定要记住：救人要救急，要做到雪中送炭而不是去锦上添花。雪中送炭和锦上添花都是常用的感情投资的手段，虽然二者都是给，都是感情投资，但由于给的对象不同、东西不同、时机不同，效果也自然不同。两者相比，前者更好。因为：第一，对给者来说，相对成本低。一篓炭的价钱比一篮花要低，如果是金枝玉花，花就更贵了。对聪明之士来说，雪中送炭要比锦上添花更划算。第二，对被给者来说，相对价值高。这个相对价值，主要是实际效用大小的问题。炭对于雪中人来说，实际效用很大；而花对于锦上人来说，实际效用就小得多。第三，对给受双方来说，道义价值都高。锦上添花，有趋炎附势之嫌，道义价值是负的；雪中送炭，有扶危救困之名，道义价值之高，可想而知。第四，受者对给者的回报高。

雪中送炭的回报有多高？保守的估计，是投入一碗饭，回报一千金。这是汉代名将韩信对漂母的回报。韩信饿肚子时，漂母经常给他饭吃，待韩信封侯后，回报漂母一千金。这个回报还算是小的。吕不韦得到回报更大。他花费了一批金银、一个宠妾、一个儿子就夺来了一座江山。这是聪明人的潜规则。

因此，对职场潜规则来说锦上添花，不如雪中送炭。当他人口干舌燥之时，你奉上一杯清水，这胜过九天甘露。如果大雨过后，天气放晴，再送给他人雨伞，这已没有丝毫意义了。

人生在世，不过短短数十年，在此数十年中，都是一帆风顺毫无挫折的，千难得一。大部分的人，都是五年一小变，七年一大变，有的自否而泰，有的则自泰而否。所以即使是英雄，也有潦倒之时。如果你认为他是个英雄，是个有为的人才，这时应该趁机结交，多多交往。你将来如有所需，他必会奋身图报，即使你无所需求，他有朝一日否极泰来，也绝不会忘了你这个知己。

总之，职场中靠个人力量以求发展，则发展有限，多多结交潦倒的英雄，多到“冷庙”去烧香，你的发展才能无穷。

5 人情卖给熟面孔

“人情卖给熟面孔”是职场交往中的一项重要潜规则。职场中给不给面子往往是熟人之间的事。因此,与陌生人拉关系、套近乎,光是厚脸皮不行,死磨硬泡更谈不上,必须讲究方法,讲究步骤。

一位拉关系的高手,用一个“粘”字概括了自己的经验:

“要说拉关系,咱们是大行家了。有用得着的人,想什么办法也能把他粘上。在轻工业局管材料的那个老薛,在咱们那儿号称‘非金属大王’,简直就是我们衣食住行的父母,不拉上关系还行?你看他现在跟咱们吃吃喝喝,有说有笑的,当年见到我却连个招呼都不打。那时候我只是在办公室里和他见过一面。人家连正眼都没瞅咱们一眼。我可不怕你架子大。我很快就把他的底摸清了。当天晚上,我买了一个高级儿童玩具,就往他们家去了。他还是不理我,脸阴得快要下雨了。我假装没看见,拿出玩具和他小儿子玩起来了。他想撵我走,但这句话他硬是没说出口,他最疼他小儿子,我这叫投其所好。”

“从此之后,我三天两头往他家跑,每次都买点玩具、挑比较便宜的买。这时候礼太重了,反而让他生出防范之心。老薛对我还是爱理不理的样子,我还是假装着不见,与他小儿子一起玩。我这人最烦小孩,在家里连自己的小孩都不抱,现在可真有耐心,40岁的人跟个七八岁的小孩泡上了。我那个样子也够人瞧的,但我不在乎。”

“我就这样跟老薛泡上了蘑菇,每次都是跟他儿子玩,一句也不提正经事。终于有一天,他耐不住性子,找我来扯闲话。我暗地里松了一口气,关系就算套上了。人都是肉长的,处长了自然就会有感情,只要你能熬得住就行。”

“我知道有人说我这叫丢人现眼，真是书生之见！天下谁能不求人，你能房顶开门，锅台打井吗？求人就得低三下四，难道还让人家反过来跟你说好话不成？我丢了面子，但办成了事，挣了钱，你没丢面子，也是什么事办不成。”

“我的经验只有四个字，那就是死皮赖脸，也可以说只有一个字，那就是粘。咱不是大官，也没当官的亲戚，所有的关系都得现拉才能成事。”

俗话说，一回生，两回熟，只要能打开突破口，与对方拉上关系，就要毫不放松，接二连三地贴上去，日久天长，双方的关系就有点儿扯不清了。这是职场中人际相处的好办法。在职场中，拉关系有以下技巧：

1. 制造自然接近对方身体的机会

这是某位评论家在杂志上提到的，当他在百货公司买衬衫或领带时，女店员总是会说：“我替你量一下尺寸吧！”每当这时，这位评论家都会在心中喝道：“嗯！这种方法真不错，我上当了。”这是因为对方要替你量尺寸时，她的身体势必会接近过来，有时还接近到只有情侣之间才可能的极近距离，使得被接近者的心中，兴起一种类似谈恋爱的兴奋感。

每个人对自己身体四周的地方，都会有一种势力范围的感觉，而这种靠近身体的势力范围内，通常只能允许亲近之人接近。相反，像这位评论家一样允许别人进入你的身体四周，就会有种已经承认和对方有亲近关系的错觉，这一点对任何人来说都是相同的。因此，只要你想及早造成亲密关系，就应制造出自然接近对方身体的机会。

2. 对初次见面的对方，采取位于旁边的位置

职场中每个人都有同感，就是和初次见面的人对面谈话，真是一件不好受的事。这是因为两人的视线极易相遇，而导致两人之间的紧张感增加。一位富豪曾经谈起，如果有他不愿意借钱给他的人向他借钱，他就会和他面对面交谈。因为这样谈话会使对方紧张而不敢乱开口，即使借给了他也不敢不还，而相反借钱不还的，都是坐旁边位置谈话的人。

与人交谈时坐在旁边的位置,自然就会轻松下来,这是因为不必一直意识到对方的视线,而只在必要时看他的视线即可。坐在对方旁边的位置与之交谈,对亲近感的增加很有帮助。因此,和初次见面的对方要增加亲近感时,最好避免和他面对面的交谈,而应尽量坐在他旁边的位置,才能令对方的视线有转移之地,同时因为不会产生紧张感,所以能很快建立亲近感。

3. 见面时间长不如见面次数多

对一名成功的推销员来说,经常到主顾家中去,被认为是和主顾熟悉的秘诀之一。尤其是以“到附近来办事,顺便来看看你”这种说法,更能抓住主顾的心。像这样习惯于亲近的方法,在心理学方面被认为和学习一样。一般对学习的看法,认为集中学习不如分散学习来得有效。比如我们要用 12 小时学习,那么一天用功 2 小时,而连续一个礼拜,比一口气熬夜念 12 小时更加有效。

因此,整夜在一起喝酒的朋友,和有长时间交往的朋友相比,乍看之下好像前者的人际关系较稳固,但实际上,这种关系如不加以持续,那么两者之间的交情就会愈来愈淡。道理显而易见,见面的次数和两人之间的亲近度是成正比的。

6 记住对方的名字

职场里让人喜欢的最简单、最容易理解的方法就是记住对方的名字,让对方有种被重视的感觉。

如今的社会,人际往来频繁而短暂,不管是为了工作还是应酬,常常会和许多陌生人见面,双方握手,递上名片,互相恭维一番,但一转身,谁是谁也忘记了。下次见面了,仍然再递名片,握握手,互相恭维一番……

职场里多数人不记得别人的名字,他们为自己找的借口是:太忙了。这实在不是理由。

在职场交往中,记住他人的姓名并能十分容易地呼出,便是对他人的一种巧妙而很有效的尊重。但如果忘了或记错了他人的姓名,你就会置你自己于极为不利的地位。

在职场里,我们可以看到名字所能包含的奇迹,名字能使人出众,它能使他在许多人中显得独立。我们的要求和我们要传递的信息,只要由名字这里着手,就会显得特别的重要。不管是女侍或是总经理,在我们与别人交往时,名字都会显示它神奇的作用。如果你希望对方喜欢你,没有任何言语比亲切地叫出对方的名字更能打动他的心。

安德鲁·卡内基被称为钢铁大王,他成功的原因究竟在哪里呢?实际上他对钢铁的了解并不比一般人多。他成功的原因,是由于他知道怎样为人处世。小时候,他就表现出组织才华和领导天才。等到十岁的时候,他发现了人们把自己的姓名看得惊人的重要。而他利用这项发现赢得了别人的合作。当他还是个苏格兰小孩的时候,他抓到了一只母兔子。后来他发现了一整群小兔子,但却没有东西喂它们。他想出了一个很绝妙的法子——他对邻居的孩子们说,如果他们能找到足够的苜蓿和蒲公英喂饱那些兔子的话,就可以用他们的名字命名那些兔子。这个法子太灵验了,因此所有的兔子都活了下来。卡内基对此一直不能忘怀。好几年之后,他用同样的方法赚了好几百万美元。比如,有一次他想把铁轨卖给宾夕法尼亚铁路公司,而该公司当时的董事长是艾格·汤姆森。因此,卡内基在匹兹堡建立了一座巨大的钢铁厂,取名为艾格·汤姆森钢铁厂。当汤姆森听到这一消息时,他觉得自己很受重视,得到了尊重,便很高兴地和卡内基签了购买合同。

职场是复杂的,和人打交道是一件很奇妙的事情。有很多潜规则可以让我们在和别人交往时游刃有余,得心应手。记住别人的名字并在适当的时候叫出他,也是需要我们把握的一项职场潜规则。这是人际交往中的最基本的礼貌,我们会因记得对方的名字而获得他人的好感,而且有时还会得到意想不到的收获。

职场里准确地记住别人的名字并叫出它或者很好利用别人的名字,很可能对你的人生产生很大的影响。国外一则格言说,人对自己的名字比地球上所有名字的总和还要感兴趣。因此记住别人的名字,而且很轻易就能叫出来,等于给人一个很巧妙而又有效的赞美。

名字对每个人来说都很重要,你记住了他的名字,即使很久不曾谋面也能轻易地叫出来,你就会收到意想不到的效果。许多善于交际的人就是记住别人名字的高手,记住他人的名字是人际交往中的重要方法或手段。谁都希望自己能够被人记住,谁都希望自己的名字受人重视。留心记住那些看来对你有用的人的名字,这不仅仅是礼貌的问题,而是你不知道在什么时候你就需要他的帮助。

吉姆没有进过一所中学,但是在他 46 岁的时候,有 4 所学院已经授予了他荣誉学位,他同时也成为民主党全国委员会的主席、美国邮政总局局长。记者去访问吉姆,请教他成功的秘诀,他说:“努力工作。”于是记者说:“别开玩笑了。”他接着问记者认为他成功的理由是什么。记者回答:“听说你可以叫出一万个人的名字。”“我能叫出五万个人的名字。”他说。他的这项能力使他帮助富兰克林·罗斯福进入了白宫。

在吉姆为一家石膏公司推销产品的时候以及在升为小镇上一名公务员的那几年,他创造了一套记住别人姓名的方法。这是一个非常简单的方法。每次他新认识一个人,他首先问清楚那个人的全名、家庭人口、他的职业以及政治观点。他把这些资料全记在脑海里。第二次他又碰到那个人的时候,即使过了一年,他还是能拍拍对方的肩膀,询问起他妻子和孩子的情况,以及他家后面种的那些植物。难怪他有一大群拥护他的人!在罗斯福竞选总统活动开展前的好几个月,吉姆每天都写好几百封信,给遍布西部和西北部各州的人们。然后,他跳上火车,在很短时间内内足迹踏遍了19个州。那1200英里的路程，他以马车、火车、汽车和轻舟代步。每天到一个市镇，就和他所认识的人一起吃早餐或午餐，喝茶或者吃晚饭，跟他们谈肺腑之言。然后，又继续他的下一站。等他回到东部，他就写名单，然后加以整理，于是他就有了成千上万个人的名字了。这名单上的每一个人，都会收到一封吉姆的私函。那些信都以“亲爱的比尔”，或者“亲爱的杰克”开头，结尾总是签上“吉姆”。

由此可见，职场里记住别人的名字对一个人的成功有莫大的帮助，同样也使自己多了许多朋友，记住别人的名字在给别人带去惊喜的同时会给自己的事业带来意料不到的收获。

7　多结交强于自己的贵人

职场里，我们会发现一个有趣的职场潜规则现象：一个人遇到的职场贵人多，发展就多，反之，贵人少机遇也少。所以，握住职场贵人的手吧，不要错过职场贵人给你的机会！

小李在著名跨国公司工作，英文极佳，自诩用英文写东西比中文还清楚。其实小李大学毕业后，刚应聘进了著名的跨国公司时，英文很差，为了工作，便下了很大工夫，死记硬背了所负责产品的英文解说词。一日下班后单独留在公司，办公室进来一个中年人，找个座位坐下来就开始用电脑工作。这时，一个客户的电话打进来，正好碰上是小李所负责的产品，因为熟练，所以他用英文“精彩”了一番。电话接完，中年人抬起头，说了一句：你是小李？英文很棒嘛！

这时小李才得知，眼前的是大中国区的董事长。自此，受到大老板鼓励的小李信心大增，英文一日千里。而董事长也经常问起那个英文很棒的小伙子工作如何，出色与否，引得小李的同事们惊诧无比。

在董事长的关照下，小李不几年便升为部门高管了。

在职场上抓住身边的贵人，是职业发展的潜规则之一，也是职业成熟度颇高的标志。职场中，我们一直相信“爱拼才会赢”，但偏偏有些人是拼了也不见得赢，关键就在于缺少贵人相助。在攀登事业高峰的过程中，贵人相助往往是不可缺少的一环。有了贵人，不仅能替你分忧解难，还能加大你成功的筹码。有人说职场贵人是可遇而不可求的，其实不然，机会永远只会钟情于有准备的人，如果你的知识、能力，以及你的上进心足够引起贵人注意的话，那么不仅你自己能成为自己的贵人，生活中任何人都可能成为你的贵人。

在心理学上有一种“趋势”心理，就是结交、崇拜、依附强者的心理，这种心理绝大多数人都有，只是程度不同而已，无可厚非。按中国传统心态来看，社交不应该带有功利之心，而应该“以情会友，别无所求”，应该奉行一种无为哲学。谁要是在交往中注重了交往对象的使用价值，然后想方设法去接近他、利用他，这就被认为“太势利”。但是，根据现代社会的交际观念来看，社交有三个基本目标，即信息共享、情感沟通、相助相求。我们不能只强调信息共享、情感沟通而拒绝相助相求。我们也不能把相助相求当成“势利”来看待。

美国有一位名叫阿瑟·华卡的农家少年，在杂志上读了某些大实业家的故事，他想知道得更详细些，并希望能得到他们对后来者的忠告。有一天，他跑到纽约，也不管对方几点开始办公，早上七点就到了大名人亚斯达的事务所。在第二间屋子里，华卡立刻认出了面前那体格结实、长着一对浓眉的人就是他要找的人。高个子的亚斯达开始觉得这少年有点讨厌，然而一听少年问他：“我很想知道，怎样才能赚得百万美元？”他的表情便柔和并微笑起来。两人竟谈了一个钟头。随后亚斯达还告诉了他该去访问的其他实业界名人。

华卡照着亚斯达的指示,遍访了一流的商人、总编辑及银行家。他开始仿效他们成功的做法。又过了两年,这个20岁的青年,成为他当学徒的那家工厂的所有者。24岁时,他成为一家农业机械厂的总经理,为时不到五年,他就如愿以偿拥有百万美元的财富了。这个来自乡村的少年,终于成为银行董事会的一员。在活跃于实业界的67年中,华卡实践着他年轻时前往纽约学到的基本信条,即多与有益的人结交。会见成功立业的前辈,能转换一个人的机运。

在职场里,贵人是有能力和身份的人。在你的朋友圈中,如果你是最成功的那一个,你就难以更成功。跟冠军在一起,自然容易成为冠军;与普通人混在一起,久而久之,你也被“变”普通了。因此,职场里与优秀的人和成功者进行交往,这就是我们应该做的。在贵人的引导下,你离成功也就不远了!

潜规则五

永远尊重领导的权威

领导是公司的代表，职场里没有“不正确的领导和上级”。和你的上司搞好关系，永远是职场中人必须熟记的生存潜规则。服从上司，不管对的错的，听从才是上策。同上司的良好沟通是你的职业生涯能否成功的关键。

1 遵守纪律,服从上司命令

在职场中,上司在做决策时,往往是经过深思熟虑的,因此当他做出决策后,很需要别人特别是下属的认可和尊重。作为一个下属,如果希望获得上司的欣赏,学会尊重上司的决定是第一要诀。不管你职位多高,你都不能忘记一点:你的工作是协助上司完成经营决策,而不是制定决策。因此,上司的决定,即使不尽如你意,甚至和你的意见完全相悖时,你也得低头顺从。这是重要的职场潜规则。

在工作中,大多数上司都希望自己的下属充满活力与冲劲,而不会希望下属暮气沉沉,成为机器人。执行上司的决策,并不表示你是一个毫无主见的下属,也不表示你将失去工作中的活力。但你应该知道,表现在工作上的活力与冲劲,一定要符合上司的理想与要求。否则上司会认为你不够成熟,做事不用大脑,自然也不敢把重要的工作交给你。

采购部的朱经理放下电话,就嚷了起来:"糟了,糟了!那家便宜的东西,根本不合规格,还是迈克尔的货好。"他狠狠地捶了一下桌子说:"可是,我怎么那么糊涂,还发 E-mail 把迈克尔臭骂一顿,还骂他是骗子,这下麻烦了!"

秘书玛丽小姐转身站起来说:"是啊!我那时候不是说吗,要您先冷静冷静,再写信,您不听啊!"朱经理说:"都怪我在气头上,以为迈克尔一定骗了我,要不然别人怎么那么便宜。"朱经理来回踱着步子,突然指了指电话说:"把迈克尔的电话告诉我,我打过去向他道个歉!"

玛丽一笑,走到朱经理桌前说:"不用了,经理。告诉您。那封信我根本没发。"朱经理惊奇地停下脚步,问道:"没发?"玛丽笑吟吟地说:"对!"

朱经理坐了下来，如释重负，停了半晌。突然抬头问："可是，我不是叫你立刻发出的吗？"

玛丽转过身，歪着头笑笑，说："是啊，但我猜到您会后悔，所以就压了下来。"朱经理惊讶地问："压了3个礼拜？"玛丽得意地说："对！您没想到吧？"朱经理冷冷地回答："我是没想到。"朱经理低下头去，翻记事本："可是，我叫你发，你怎么能压？那么最近发南美的那几封信，你也压了？"玛丽说："那倒没压。我知道什么该发，什么不该发！"没想到朱经理居然霍地站起来，沉声问道："是你做主，还是我做主？"

玛丽呆住了。眼眶一下湿了，颤抖着问道："我，我做错了吗？"朱经理斩钉截铁地说："你做错了！"玛丽被记了一个小过，但没有公开，除了朱经理，公司里没有任何人知道。真是好心没好报！一肚子委屈的玛丽再也不愿意伺候这位是非不分的上司了。她跑到克里经理的办公室诉苦，希望调到克里的部门。克里笑笑："不急，不急！我会处理。"隔两天。果然做了处理，玛丽一大早就接到一份解雇通知。

不服从上司的工作安排，后果只能是付出代价。玛丽小姐就是因为擅自做主最后招致解雇。作为企业的员工，你必须知道，无论你帮上司管了多少事情，也无论上司多糊涂，甚至依赖你到连电话都不会拨的程度，但他毕竟还是你的上司，公司的任何事也毕竟还是由他做主。所以，你也必须服从。想要使自己在职场上立住脚，必须要视服从为天职。

工作中，必须遵守纪律、服从命令，必须一切行动听指挥。这就意味着面对一项任务，没有任何借口，必须要严格执行，这就需要员工在完成任务的过程中严格按照公司的纪律行事，一步一步地做，不折不扣地做，而不是自行其是，另搞一套！不然，公司很难搞好。

2 要适应领导,不要让领导适应你

在职场里,身为员工,我们没有权力去选择领导。因此,工作中要努力适应领导的工作要求。对于许多下属职员来说,遇事不加辨明,便着手去实施是其一大工作弊病,这是因为下属和领导之间缺乏必要的默契。工作中,下属对于领导,首先是服从,工作中不是让领导去适应你,而是你去适应领导。领导给予的指示和命令,必须清清楚楚地理解,然后才有可能有效地执行。甚至有时领导发一发脾气也是很正常的,不要希望每个领导都慈祥无比。你需要忍受这种压力,同时要以积极的行动去尽量避免这种压力。

张华所在的公司规模不大,由于勤奋与努力,领导对他委以重任。谁知一件小事让这一切前功尽弃。

一次要开会,头天晚上张华熬夜赶写重要报告。第二天开会前15分钟,他才赶到写字楼,开会时笔记本电脑又出了毛病。最终电脑被修复了,报告也效果良好,不过,比原定时间晚了一个多小时。

会后,领导批评了他,还扣除当月奖金。当时,张华感到非常"委屈",通宵达旦将报告做得完善,结果却是这样。他不顾同事阻拦,到领导面前解释:"我不是故意的,机器的故障和晚到的理由都只是碰巧。"面无表情的领导只说了一句:"这种理由不能称其为理由,我只看结果。"由于和领导的关系越闹越僵,张华主动离了职。

几年后,遇见了过去的同事,她说:"其实你很适合那个岗位,只不过当时有些冲动,不知退让一步,领导也不过想要你一个妥协的态度而已。"听了这番话,张华半天无语……

职场中，对自己的朋友、上司，你不可能事事据理力争。对于自己的上司、老板的某些指示、某些命令，由于主观理解上的偏差而得不到很好的实施，而你却已经尽了最大努力。在这种情况下，上司、老板、领导对你批评和指责是很正常的，不要急于辩解，认为自己无比委屈，其实这是职场生存的一种潜规则。

在工作中，有的领导者以工作为中心实施领导；有的领导者以关系为中心实施领导；有的领导者习惯于运用表扬；有的领导者习惯于运用批评。在性格上，有的领导者是外向性格，善于交际和言谈；有的则内向，不善交际；有的领导者性情较急，办事喜欢雷厉风行；有的则性子较钝。在领导方式上，有的领导者较专制，个人决定问题的成分较大，较多地强调下属服从和执行；有的领导者比较民主，遇事善于听取下属意见，力求上下融洽一致。所以说，作为下级，要使自己与领导的关系处于和谐状态、就必须看到它的必然性，承认它的客观性，尊重它的存在性，最重要的是作为下属一定要增强对领导的适应性。

很多刚踏上工作岗位的朋友，都希望自己能遇到一位很有水平的上司，能作为自己行动的楷模。但如果把领导过于理想化，未免脱离实际。一个善于学习的下属必须本着谦虚学习、提高自己的态度，尊重上司，并注意学习和吸收上司的长处，建立乐于服从的观念。这是处理好与领导关系的最基本方法。

小钱年轻干练、活泼开朗，入行不几年，职位“噌噌”地往上升，很快成为单位里的主力干将。几天前，小钱被领导叫了过去：“小钱，你经验丰富，能力又强，新领导走马上任，下车伊始，这里有个新项目，你就多费心盯一盯吧！”

受到新领导的重用，小钱欢欣鼓舞。恰好这天要去上海某周边城市谈判，小钱一合计，一行好几个人，坐公交车不方便，人也受累，会影响谈判效果；打车吧，一辆坐不下，两辆费用又太高；还是包一辆车好，经济又实惠。

主意定了，小钱却没有直接去办理。几年的职场生涯让他懂得，遇事向领导汇报一声是绝对必要的。于是，小钱来到领导跟前说："老板，您看我们今天要出去，"小钱把几种方案的利弊分析了一番，接着说，"所以呢，我决定包一辆车去！"汇报完毕，领导沉着脸说："是吗？可是我认为这个方案不太好，你们还是买票坐长途车去吧！"小钱愣住了，他万万没想到，一个如此合情合理的建议竟然被打了"回票"。"没道理呀，傻瓜都能看出来我的方案是最佳的。"小钱大惑不解。

在职场中，小钱凡事多向领导汇报的意识是很可贵的，错就错在措辞不当。注意，小钱说的是："我决定包一辆车！"在领导面前，说"我决定如何如何"是最犯忌讳的。如果小钱能这样说：老板，现在我们有三个选择，各有利弊。我个人认为包车比较可行，但我做不了主，您经验丰富，做个决定行吗？领导听到这样的话，绝对会做个顺水人情，答应你的请求，这样岂不两全其美？

在职场里潜规则很重要，领导永远是决策者和命令的下达者，无论员工有多大的把握，无论员工代替领导决定的事情有多细微，都不能不征求领导同意。在一个公司里，领导有领导的决策权，下属有下属的执行权，如果下属越俎代庖，代替下属做决定，事情就会乱套。因此，不要以为这是一件很小的事情，也不要以为自己的主张很完美，你就可以擅自做主让领导来适应你。很多时候，即使你所决定的是一件很小的事情，即使你的主张真的很完美，但是话从你的嘴里说出来，最后的效果就会不一样！什么话该说，该在什么时候说，该怎样说，都是有技巧的。在不该说话的时候说话、不该做主的时候做主，是职场人常犯的毛病。认识到这一点，做到适应领导，你的职业前途自然也就一片光明。

3　尊重上司，别让上司丢面子

在职场中，如果你的能力确实超过上司，潜规则就会提醒你要尊重上司。职场中有一些上司是有疑心病的——在他们漫长的职业生涯中，难免有一些人会背叛他，或是得了他的好处却不知报答，久而久之，他们对别人都不太敢推心置腹了。这种情况下，上司会觉得属下就应该永远比自己差一截，这样他们才会有成就感。因此，他们只会提拔能力比自己低的属下。一旦发现属下的能力可能高于自己时，立刻会显得坐立不安，还会对属下施加压力。因此，当你的才能高于上司时，不可过于锋芒毕露，以免引发上司的猜忌之心。

赵公是某公司老总。两年前的初夏，赵公去省里参加一个科技方面的会议，他决定要带个懂科学的技术人员一同前往。于是学土木工程的大学毕业生，当时在公司当干事的小钱便得到了这个美差。

开会回来之后不久，小钱便成了赵公的秘书。

小钱当了秘书后，发现赵公爱下象棋。于是他参加了市象棋大赛，并赢得了冠军，却谦虚地说只是随便下下。

A市棋坛不乏高手，冠军岂是随便下下就可以弄来的？从那以后，闲暇无事，赵公便叫小钱陪他下几盘棋。根据赵公的脾气，既不能胜他，以免背上骄傲自满的罪名，也不能轻易让他取胜，让他认为自己没有本事。于是，赵公和小钱下棋，竟成了一种乐趣。每次和人说起他的秘书，老赵总说：“人聪明，但不骄傲，难得。”不久小钱被提升为总裁办公室主任。第二年春天，公司组织象棋大赛，赵公叫小钱也给自己捎带报个名。赵公虽爱下棋，却从未参加过公司大赛，他怕输了，脸上不光彩，但经过与小钱这个上届冠军经常对弈,颇增了几分自信,他觉得应向全公司员工显示一下自己的棋艺和智慧。他要小钱去要求自己只参加决赛。

决赛开始了,这时小钱故做苦战,经过三个多小时的拼搏,终于赵公获胜了。顿时周围一片溢美之词。赵公也不禁挂出了一副“一览众山小”的神情。

小钱的良苦用心,蒙住了公司棋迷们,小钱又借机再做好事,请求成立象棋协会,拉赵公做了名誉主席,也好解决经费问题。

不久,赵公退居二线时,极力推荐小钱接替他的工作,他在给董事会的报告中强调,小钱不仅符合提拔的标准,而且具有谦虚、谨慎、好学的品质。

过了一年,公司的象棋大赛又开始了。最后,争夺冠军的决赛在老赵和新任总裁小钱之间进行。这次钱总裁开局后,便步步紧逼,中局后不久,赵公便看清自己败局已定,哈哈笑着说:“到底是年轻人,脑子好,小钱这棋,进步好快呀!”脸却红了。

一般说来,大多数的人对于在运气、性格和气质方面被超过并不太介意,但是却没有一个人(尤其是领导)喜欢在智力上被人超过。因为智力是人格特征之王,冒犯了它无异于犯下弥天大罪。当领导的总是要显示出比其他人高明,处处为上。下盘棋有胜有负,如果你认为是小事,无关大局,其实是大错特错,因为你在智力上让上司丢下面子,这比其他方面更为严重。小钱就是把握住了此点,才最终获得了成功。

4 关键时刻,积极支持领导工作

金无足赤,人无完人,领导也是如此。在职场中,尤其是在工作中,很可能会出现这样的情况。

其实,领导者既然是人不是神,决策就必然会有失误之时。即使一贯正确,群众中也可能出现对立面。这时,也许有些人站在群众一边,同领导对着干,这可就糟透了。这样做无疑是掉进了晋升道路中难以自拔的陷阱。聪明的做法是,当领导与群众发生矛盾时,你应该大胆地站出来为领导做解释与协调工作,最终还是有益于群众利益的。但作为领导者,当最需要人支持的时候支持了他,也就自然会更加重视你。

某公司部门经理江某由于办事不力,受到公司总经理的指责,并扣发了他们部门所有职员的奖金。这样一来,大家很有怨气,认为江经理办事失当,造成的责任却由大家来承担。所以一时间怨气冲天,江经理的处境非常难。这时秘书阿布站出来对大家说:"其实江经理在受到批评的时候还为大家据理力争,要求老总只处分他自己而不要扣大家的奖金。"听到这些,大家对江经理的气消了一半儿。阿布接着说:"江经理从老总那里回来很难过,表示一定想办法补回奖金,把大家的损失通过别的方法补回来。"阿布又对大家讲:"其实这次失误除江经理的责任外,我们大家也有责任。请大家体谅江经理的处境,齐心协力,把公司业务搞好。"

阿布的调解工作获得了很大的成功。按说这并不是秘书职权之内的事,但阿布的做法却使江经理如释重负,心情豁然开朗。接着江经理又推出了自己的方案,进一步激发了大家的热情,纠纷很快得到了圆满的解决。阿布在这个过程中的作用是不小的,江经理当然对他另眼相看。

在关键时刻,在你的上级最需要的时刻,你能够及时而勇敢地、得体而巧妙地站出来,为他解除尴尬、窘迫的局面,这往往会取得出人意料的效果:你会突然发现,原来比较一般的关系更加密切了;原来只是工作上的关系,增加了感情上的色彩;原来对你的评价一般,而现在一下子发现了你更多的优点,你原来的缺点也会被领导认为是无伤大雅的。甚至你会发现,你的晋升之日已经指日可待了。

公司里新招了一批职员，老板抽时间与大家见个面。

“黄晔(huá)”

全场一片寂静，没人应答。

老板又念了一遍。

一个员工站了起来，怯生生地说：“我叫黄晔(yè)，不叫黄晔(huá)。”

人群中发出一阵低低的笑声。

老板的脸色有些不自然。

“报告经理，我是打字员，是我把字打错了。”一个精干的小伙子站了起来，说道。

“太马虎了，下次注意。”老板挥了挥手，继续念了下去。

这位打字员真是个“补台能手”。相信他以后一定仕途亨通，任谁也挡不住。

果然，一周之后，他被升为公关部经理。

从个人感情上讲，每个上司都喜欢有一个为自己工作上积极支持的下属。如果你能够与上司结为知己，在适当的时候，为上司填补一些工作上的漏洞，维护上司的威信，对自己的事业及前程当然大有好处。

5 话需温和，忠言也要顺耳讲

“良药苦口利于病，忠言逆耳利于行。”这是一句人们耳熟能详的谚语，其中的道理也为绝大多数人所接受。但在职场中，上司还是更喜欢喝不苦之药，更喜欢听顺耳之言。在这种情况下，如果把劝诫、批评上司的话说得更温和、更顺耳一些，效果或许会更好。

历史上，唐太宗李世民有次扬言要杀掉敢于触犯龙颜的魏征，长孙皇后听后十分着急。如果用逆耳的“忠言”劝说李世民，李世民不仅不容易接受，反而会使事情弄得更糟。会说话的长孙皇后取顺耳之言规劝李世民。她说：“自古以来主贤臣直，只有君主贤明，当臣子的才敢直抒胸臆、有话就讲。今魏征敢于直言劝谏，全赖圣上贤明。”李世民闻后龙颜大悦，打消了杀魏征的念头。长孙皇后就是善于运用了忠言顺耳的智慧才救了魏征。

在职场中，如果上司犯了错，作为下属先称赞其成绩，再委婉指出其不足，既照顾了上司的面子，也使上司易于接受。

王处长是一位刚刚提拔上来的新手。一次生活会上，他要求大家提提意见，大家碍于面子，没有人敢伸这个头。最后，处里的“元老”刘文革说了：“王处长到处里后，可谓大刀阔斧进行了改革，处理的工作现在已有了头绪。人比以往更团结，成绩也是有目共睹。只是最近大家手头有点儿紧张，希望王处长能替大伙解决解决。”王处长听到，意识到该给大家搞些生活福利，采取了一些措施。

刘文革可以说是提意见的高手，他先肯定王处长上任后的成绩，使领导心里美滋滋的，然后再轻描淡写地提出大伙的意见，反映出他对下属关心不够，体贴不够。这种方式，容易使领导意识到自己成绩是主要的，是值得大家交口称赞的，而不足只是次要的。既不得罪他，又激起了他改进不足的积极性。

一名员工能够发现问题，是智慧；能提出问题，是勇气。但是许多人在提出问题时，表现出的却是蛮勇，不分时间、地点、场合，不讲方式，结果是只有百害而无一益，旧问题没有解决，反而增添新问题。所以，作为下属，要从自己的行为上来改变自己的语言技巧。不要口无遮拦，信口就来，不选择语言的表述方式和技巧。要知道，自己的言行是要产生客观效果的，而用负面的语言和负面的行为表述出来，只会产生负面的效果。

所以，一个真正的聪明下属在表述自己的想法时，一定能够选择恰当的言行，对自己的行为负责，也对上司，对企业负责。也只有这样才能对企业有正面作用。

6 服从领导安排，做好本职工作

从我们上班的第一天起，我们会听说很多经验和教训，也可以说是职场潜规则。最多的是从领导那里听说的，“指哪打哪”，“做革命的螺丝钉”等等。我们也相信这些教条，刚开始的充满激情。可是用不了多久，大多数人就不乐意了：这样没完没了地干下去，什么时候才能熬出头啊？难道以后永远是机器上的一颗螺丝钉，永远做一个员工？最要命的是，做这些毫无技术含量的工作，能有什么前途啊？

的确，如果把公司比作一条生产流水线，那么职场中的人就是流水线上的一个工人。如果分配给你的任务是焊接电阻，那你就只能焊接电阻。不管其他人做什么工作，你必须做一颗老老实实的螺丝钉。你必须想着把自己的工作干好，而不能有消极怠工的想法，因为你是一个环节，会带来连锁效应。然而，人毕竟不是机器，人会有主观想法，会有情绪。人要是一辈子只做跑腿打杂这些没建设性的工作，那么职场生涯就太难熬了，对自己的人生也太不负责任了。职场潜规则让你做好螺丝钉，但是没说你一定要只做螺丝钉，你该在完成本职工作的同时，伺机发展自己。但是如果你自己的本职工作还没做好，就妄想着干别的，那只会让领导觉得你工作不踏实。

小雪在一家公司做运营工作，她是个既聪明又个性的女孩儿，在公司她可以算得上一号风云人物，当然这和她的工作能力有关，但是主要还是她那些奇怪的想法。到最后连总裁都知道了她的大名。开始的时候，她还很高兴。因为新员工大多默默无闻，而自己却已经“崭露头角”。她的才华如此出众，大家对她又都很重视，自然她的心态也发生了变化。她本来就有个性.再加上这份骄傲，对那些“螺丝钉”之类的工作自然是看不上眼的。可是几年过去了，和小雪一起进企业的同事，都已经得到了晋升，甚至一些比她晚到公司的同事也后来居上，做了她的领导。小雪自己还是当初的职位。这让她挺不服气的，自己的能力不比别人差，甚至还比别人强.公司的领导为什么这么对待她呢？

其实，小雪有这种遭遇并不奇怪。小雪所在的企业，是一家国企，做事讲究按部就班，循规蹈矩。对那些个性张扬的人并不重视。而且在国企里是不强调个人主义的，他们在乎的是团队。在别的同事还在做螺丝钉的时候，她的特立独行让她脱离了同事，而且很多人都妒忌她。作为一个新进的员工，虚心向老员工学习是很关键的。不管自己有多个性，有多聪明。如果不懂得不断学习，那么知识就会越用越少。而且，如果自己锋芒太露，很容易遭人妒忌，也很容易被打压。所谓“出头的椽子先烂”就是这个道理。

意识到这个问题后，小雪努力改变自己的工作。比如为了赢得老员工们的好感，她甚至为他们端茶倒水，做一些其他员工不愿意做的杂事，表现得非常地谦虚和勤勉。其次，在参与公司的一些合作项目时，她不再特立独行，而是按照领导喜欢的方式有板有眼、按部就班地按照公司的规矩做事。

通过自己的努力。公司的几个领导终于发觉了她全新的工作态度，也彻底改变了对她的看法。渐渐地，小雪的努力有了效果，连公司一些顽固的老员工都开始喜欢她，为她说好话。几个部门经理对她的评价也变得很好，公司高层也开始认可她的能力，给了她更多的机会去展示自己的才华。有些同事出于嫉妒，批评她没有以前那样纯洁了，开始变得虚伪世故。小雪对这些评价，只是微微一笑，因为她知道自己不是世故，只是理智和成熟了。其实，小雪还是小雪，她依然聪明，依然个性，也一样善良，只是更懂得交际了，也明白了职场的生存潜规则。

在职场，谁都想做 CEO，没有愿意只做一个小职员，但是 CEO 只有一个，小职员却有很多。对于职场人来说，我们必须知道这一点，没有人会请人来领导自己，所以你不要妄想凭自己的实力一步登天。公司不会把一个重要的位置交给一个初来乍到，只会夸夸其谈，却不想从头干起的人。何况领导不会喜欢自己管不住的人。“如果你不想干小职员，那么就把我的位子给你好不好？”如果领导在心里有了这样的想法，那你根本不会有升职的机会。

所以说从本职工作做起，不会埋没我们的才华，因为这是一种职场潜规则，是职场中人必须遵守的。如果你不守规矩，那么就只能退出升职游戏。不过，做本职工作其实也是为自己准备机会，在老板心里都有一本账，只要你把本职工作做好了，你就会有机会崭露头角。领导也不希望人才被埋没，因为他还需要人才给他创造更多的利益。

7 尊重公司，尊重领导的权威

在职场里，我们既要尊重公司，也要尊重领导的权威。工作中，领导代表公司，尊重领导才能够真正协助好领导，一帆风顺，否则就要触霉头。

小麦在一家公司干了 5 年，其间风风雨雨的大事小事发生了不少。但有一件事情让小麦记忆犹新，意义深远。

那是一个星期天，小麦对公司模具部门的工模进行盘点，作为主要负责人的小麦对盘点事项做了详细的安排，大家在闷热的车间里忙忙碌碌，有条不紊地进行着各项工作。不知什么时候小麦的领导过来了，看了小麦的工作步骤后断然说："停下来，停下来！"然后又指点小麦应该如何如何，小麦跟他解释说自己的方法是怎样的，这也是小麦多年来的经验积累，并且大家都已熟悉了这种方法，工作进行得很好，你的指示虽好，但用于模具盘点不合适。他立即阴沉了脸，命令小麦必须按他说的要求去做。因为他的指示里含有明显的漏洞，小麦当然觉得自己有理，就据理力争，接下来难以自控地与他发生了激烈的争吵，双方都暴跳如雷。最后小麦说，既然你那么坚持，那你就让他们按你说的去做吧，我不想这样做。说完他就离开了车间。事后小麦问过同事，他们最后还是遵循了小麦的方法，领导的提议在实际工作中根本行不通。

之后小麦的工作依然像以前一样忙碌，领导也没有再提什么，这事也就渐渐淡忘了，只是每次同事获得加薪或晋升，而小麦却靠边站。小麦和领导见面的时候，领导对小麦歉意地一笑，意味深长的眼光，让小麦猛然醒悟到什么，小麦知道，其实这件事情还没有过去。至少对他而言如此。最终小麦选择了离开。离开公司的那天，小麦的内心很平静。波澜不惊地跟领导谈了自己的想法和原因，然后客气地相互祝愿。但临走的一刻，小麦还是忍不住问了他："我一次次地晋升无望是不是因为那件事？"领导先是摇了摇头，后又肯定地点了点头，说："你要记住，没有哪个领导愿意被人顶撞，哪怕是只有一次！"小麦看得出，他说得有点尴尬。

在职场里只要不是什么原则性的问题，大可以一笑了之，或者换另外一种方式解决也很简单，但小麦没有理智地去思考，而是在不恰当的场所贸然地对抗领导，这是非常致命的错误。

在工作中，领导代表公司与下属进行对话，代表公司在范围内进行管理。他体现经营者的意志，自然会由公司承担后果。如果下属触犯了他的权威，也就是触犯了公司的权威。

在市场部的会议上，一个重大的市场活动被部门主管宣布因故取消。这个方案的主要策划者老陈非常生气，开始他只是阐述自己的理由，试图说服部门主管，后来忍不住在辩论的过程中屡屡指出了主管的诸多失误！然而没有想到主管恼羞成怒："我不行，那你就来坐我这位置好了。"说完他就走了。

其实，即使这个主管采取的方式有不妥之处。公司也是要维护他的权威。因为他是代表公司与下属进行对话的。领导代表公司在范围内进行管理。他体现经营者的意志，自然会由公司承担后果。如果下属触犯了他的权威，也就是触犯了公司的权威，这样，下属自然不会有好下场。

职场中，公平是一个诱人的词，人人都想公平。很多人把这种意识也带到了职场上，以为领导和自己从本质上来说是平等的，或者从来就不认为领导有什么特别之处，结果为自己惹下了大麻烦。这是很多人忽视了职场潜规则的缘故。

李先生是一名杂志社编辑，有期杂志为一名作家做了一期访谈，杂志出来之后，这位作家得到一本杂志社免费赠送的杂志。但是，这个作家想多得到几本送给朋友。于是他打电话给杂志社主任。

此时，主任恰好不在，李先生接了电话。当李先生听到这位作家说"麻烦你转告一下主编，我希望多要几本这期杂志"的时候，李先生觉得不就几本杂志吗？于是不假思索地说："这个啊，没问题！您直接派人过来拿就成。"

就在这位作家非常高兴地到杂志社拿杂志的时候，他接到杂志社主任的电话，主任说："我们的杂志已经出版了，按照规定只能送您一本。但是为了您的方便，我又派人给您送了几本，估计一会儿就送到您家了。"这位作家一听，赶紧制止说："哎呀，我在去你们杂志社的路上呢，有一个先生说叫我过去拿。"主任本来想派人给作家多送几本杂志，以表示自己对这位作家的尊敬，没有想到却有人已答应送作家杂志。主任有点不高兴了，问："对不起。我想知道是哪位先生说您可以立刻过来拿？"

就这样，李先生得到的是领导的一顿批评和谴责！此时，李先生才明白，自己做错事了，虽然只是一句话而已，但本来可以由领导卖出的人情，却被自己无意挥霍了。

又一次，杂志社对一名歌星进行了采访，歌星同样想多得到一些杂志，问是不是没有。此时正好主任在李先生身边。于是李先生记住了上次的教训，顺水推舟地说："我不知道还有没有多余的杂志，但是我们主任一向想得比较周到，您问一下主任？"主任听后爽快地说："我早就给您准备好了多余的杂志，就在我的办公桌上，您来拿吧。"

同样是送给别人样刊，第一次遭到领导的批评和谴责，第二次则赢得领导的肯定，其原因就在于第一次的决定是从李先生的口中说出的，第二次是从领导的口中说出的，如此，就将这个人情转给了领导。很多时候，领导需要在施展自己权力的同时送出自己的人情，这便是中国职场里的潜规则。其实，这样的人情作为普通员工的你也可以做到，但是由领导送出的效果比较好！领导会因此感到满足。如果你擅自将领导的这种人情送出，领导口中虽然不说什么，但是心里不会很舒服的！

你要知道领导反感的并不是你自作主张的内容，他们往往也不在乎下属的主张给公司带来了什么，他们在乎的是这种行为对自己的不尊重！他们还会认为，下属缺少工作经验，办事不够稳重。

因此，职场上，你必须时刻牢记一条：领导永远是决策者和命令的下达者，无论我们有多大的把握，无论你代替领导决定的事情有多细微，都不能不征求领导同意。永远尊重领导的权威你才能顺利发展。

潜规则六

能借力才能更有力

俗话说“一个篱笆三个桩，一个好汉三个帮”。职场里每一个成功者的道路都洒满他人汗水。职场里所有人都好似蜡烛要点燃自己并且照亮别人，如果你只照亮自己，你的前途将一片黑暗；如果你只照亮别人，你将成为灰烬。因此，一个人要想获得事业上成功，除了靠自己的努力奋斗外，还要借助他人的力量才能事半功倍。

1 学会与人牵手合作

在职场里，要想成大事，必须学会牵手合作的职场潜规则。这一方面可以弥补自己的不足，另一方面可以形成一股合力共同进步。

一位畅游南美洲的作家，曾见过一种奇特的景观：游客们点燃干燥的原始草丛，把一群黑压压的蚂蚁围在当中，火借着风势，逐渐蔓延。

最初的时候，受到大火袭击的蚂蚁乱成一团，但很快就恢复秩序，然后迅速扭成一团，像雪球一样朝外滚动突围。外层的蚂蚁被烧得“噼里啪啦”直响，死伤无数，但蚂蚁团仍然勇猛地向外滚动，终于突出火圈。

游客们还想再烧，被作家坚决制止，作家已被这群蚂蚁的勇敢和能够团结协作同舟共济维护蚂蚁群体利益的团队精神所感动。

蚂蚁尚且知道作为团队中的一员，就要团结协作、同舟共济、维护团队利益，就要遵守团队规则和契约，何况作为万物之灵的人类呢？一滴水要想不干涸的唯一办法就是融入大海，一个员工要想生存的唯一选择就是融入企业。而要想在工作中快速成长，就必须依靠团队力量来提升自己。

在当今社会生产中，团队作用越来越显示出了它重要的作面，面对社会分工的日益复杂化，个人的力量和智慧显得十分微不足道，即使是天才，也需要他人的协助。只要我们是一个企业的员工，只要我们是一个团队的成员，我们就立该团结协作、同舟共济，就应该为了实现企业、团队的共同目标和利益紧密协作，只有这样才能形成强大的凝聚力和整体战斗力。

在职场中,团结才有力量。只有与人合作,才会众志成城,战胜一切困难,产生巨大的前进的动力,说合作是职场生存的保障实不为过。所以,养成良好的合作的习惯直接关系到职场人的前途大业。

有一个富翁在将死的时候被带去观看天堂和地狱,以便比较之后,能聪明地选择他的归宿。他先被带去看了魔鬼掌管的地狱。他第一眼看上去就觉得十分吃惊,在地狱里放着一张直径两米的圆桌,桌面上摆满了美味佳肴,包括肉、水果和蔬菜。围着桌子坐了一圈人,但是,桌子旁边的那些人,没有一张笑脸,也没有盛宴上的音乐或狂欢的迹象。这些人看起来很沉闷,无精打采,而且每个人都瘦的皮包骨。富翁发现地狱里的每个人的手里都拿着一把两米长的叉子。按要求这些人只能用叉子取食桌上的东西。将死的富翁看到,地狱里的人都争先恐后地叉菜,但是因为叉子太长不能把菜送到嘴里,所以即使每一样食物都在他们的手边,但结果就是吃不到,一直在挨饿,因此他们急得都快发疯了。

富翁又去了天堂,天堂里的景象和地狱里完全一样:同样也放着一张直径两米的圆桌,桌面上也摆满了美味佳肴,同样也是两米长的叉子,然而天堂里的人却都在唱歌、欢笑。这位参观的富翁很困惑,为什么情况完全相同,而结果却完全不同呢?后来他看明白了;地狱里的每一个人都是在喂自己,但两米长的叉子根本不可能让自己吃到东西;而天堂里的每一个人都在用叉子叉菜喂给对面的人吃,同时自己也被对面的人所喂,因此,每一个人都吃得很开心。因为天堂里的人都懂得:帮助了他人,就是帮助了自己。

这个故事使每一个职场中人都获得一种感悟:没有人能够不需要任何帮助而获得成功的。因为个人的力量毕竟有限,所有成功的人物,都必须依靠着他人的帮助,才有发展和壮大的可能。一盘散沙,尽管它金黄发亮,也仍然没有太大的作用;如果建筑工人把它掺在水泥中,就能成为建造高楼大厦的水泥板和水泥墩柱;如果化工厂的工人把它烧结冷却,它就变成晶莹剔透的玻璃。单个人犹如沙粒，只要与人合作，就会起到意想不到的变化，变成不可思议的有用之材。因此，职场中人要学会与人合作，掌握这种才能，才能促使自己的事业不断向前。

2 给予总是相互的

有句俗话说得好：三个臭皮匠，能顶一个诸葛亮。在职场里，竞争越来越激烈，你更不可能完全凭借自己的力量来完成某项事业，没有人能独自成功。相反你应该利用集体的力量，团结协作是获得成功的关键潜规则。

有一位农民，听说某地培育一种新的玉米种子，收成很好，于是千方百计买来一些。他的邻居听说后，纷纷找到他，向他询问种子的有关情况和出售种子的地方，这位农民害怕大家都种这样的种子而失去竞争优势，便拒绝回答，邻居们没有办法，只好继续种原来的种子。谁知，收获的时候，这个农民的玉米并没有取得丰收，跟邻居家的玉米相比，也强不到哪里去。为了寻找原因，农民去请教一位专家。

经过专家分析，很快查出了玉米减产的原因——他的优种玉米接受了邻人劣等玉米的花粉。

这个农民之所以事与愿违，是因为他不懂得这样一个简单的生活道理：给予总是相互的。我们都不是孤立地存在于社会之中的，我们都需要给予和接受。

职场中，懂得给予的员工才能以最快的速度融入到团队中，找到自己的位置，实现自己的价值。如果只耍个人英雄主义，会在一定程度上影响团队的整体创新能力和工作质量。无论做什么事情，如果认为这个事情没有了自己就一定不会成功，那么你就会有骄矜之气。在团队角色问题中，一定有一件事情是你最擅长的，在这件事情的操作过程中，你是主要力量，但并不代表没有了你就不行。赵本山的小品中有一句话："地球就得同着你转，你是太阳呀？"你必须清楚，这个世界少了谁都一样。

李某是一个业务员，他的销售技能和业务关系都非常好，因此他的业绩在公司里是最好的。取得成绩以后，他就开始对别人指手画脚了，尤其是对那些客户服务人员。

本来这些客户服务人员非常支持李某的工作，只要是他的客户打来的电话，客服就会马上进行售后服务的。但是李某动辄说"我给你们饭碗，没有我你们都要饿死"，要不然就是说这些客服人员服务不好，他的客户向他投诉等。客服人员对他说的话开始置之不理，接着通过行动与他对抗。后来，凡是李某的客户打来的电话，客户服务人员都一拖再拖。最后，这客户打电话给李某，并把怒火发到他的身上。由于后继服务不到位，李某的续单率非常低，原来的客户也都让其他业务员抢走了。

职场中，每一个员工的成绩都是在团队的共同资源中创建的，因此唯我独尊的员工最要不得，他肯定要受到同事的挤兑。明了这一潜规则，才能更好地工作和发展。

3　不做职场独行侠

现在有些职场年轻人，工作上喜欢独来独往，标新立异；可心里又总觉得大家对他关心不够。从另一个角度说，他们自己也不愿意和同事们打交道，似乎他们是以“独行侠”为傲。但“宁做鸡头，不做凤尾”的时代已经过去了。我们必须抛弃单枪匹马闯天下的过时做法，现代的职场已经不再相信独行侠。

在职场中，没有人能够不需要任何帮助而工作。如果你在工作中只顾埋头苦干，不愿去和别人分享你的成绩或是快乐，忽视了人际关系的培养时，你所遇到的困难就会成倍地增加，你所感受的压力也会成倍增长。并且，你将肯定不再受欢迎。

初中的政治课上老师教导我们：人是社会的动物。

语文老师则在黑板上写了一个大大的“人”字，语重心长地对大家说：“‘人’的一撇一捺是相互支撑的，缺少了其中任何一半，‘人’字都将不复存在。”

你说：我知道这个道理！可是，“知道”是一回事，懂得又是另一回事。

在职场上，有多少人因为承受不住同事所带给自己的巨大压力而黯然谢幕了呢？不是工作能力差，知识不够丰富，那么为什么被排挤掉或者主动辞职的总是这些人呢，难道是上天偏偏让他们命运多舛不成？其实也怪不得别人，谁让这些特立独行者总是和别人对不上眼，相处得不融洽，搬起人际关系这块巨石来砸向自己事业之路上的脚呢？

如果在新进公司的第一天，你不愿同别人说话，不愿向老员工讨教，因为你觉得自己没有必要主动说话，至少你的学历很可能比他们高；当工作中你遇到困难时，你不屑向同事们请教，而是毫不犹豫地冲向总经理办公室，这样一来在别人眼中你的另一个名字叫做“马屁精”；如果你取得了可喜的成绩，你更不愿把它拿出来和同事们一起分享，因为这是自己努力的结果。关别人什么事？当然，也没有人会祝贺你的成功……久而久之，你突然发觉到自己似乎变成了公司里最不受欢迎的那一个，没有同事冲你真诚友好地微笑，聚餐也没有你的份儿。天啊，每天除了要应付烦死人的工作还要应付同事们所加在你头上的压力！看，你会有多痛苦？

俗话说得好:“双拳不敌四手”,“一根筷子容易折,一把筷子折不断”。从微小的电子到宇宙最大的星球,这些物质证明了宇宙最初的一项法则,就是“组织”。能够认识这项法则的重要性,并使自己熟悉这项法则和各种方式,以及利用这种法则为自己创造利益,才是最幸运的人。

刘备、关羽、张飞在桃园三结义的时候,各自也都是一穷二白,他们没有巨额的财产,没有大片的土地,没有一呼百应的权威,也没有一兵一卒。但是,他们有各自不同的互相补充的才能。刘备虚怀若谷,善于容纳方方面面的意见和人才,具有杰出的统帅才能;关羽和张飞则具有高超的武艺,都是十分难得的将才。他们三个人,互相补充,互相协助,同气相投,同声相应,终于成就了一代霸业。可见,合作比单打独斗更容易成功。

职场中,个人的力量是渺小的,集体的力量才真正伟大。整个历史是由人民大众创造的。合作能够产生无穷的力量去创造未来。当感觉到个人的弱小时,我们不要怯弱,要努力寻求合作,三个臭皮匠顶上一个诸葛亮,懂得合作,渺小迟早会变成伟大。就算说是一穷二白,也绝不是不能脱贫致富的沼泽地。你没有钱,可以找有钱的帮忙;你没有技术,可以请有技术者与你共创事业;如果你不善于经营管理,你也可以聘请有经验的人入伙与你一道奋斗。

在复杂的职场中,在各种社会关系构成的屏障面前,互相合作是人类共同需要的心理倾向,而这正是“团结”之实质所在。俗话说:“一个篱笆三个桩,一个好汉三个帮”。不懂得或不善于利用他人的力量,光靠单枪匹马闯天下,在现代职场中肯定难有所为。

4 独享荣耀，你会独吞苦果

俗话说："有福同享，有难同当。"当你在工作和事业上干出点名堂，小有成就时，这当然是好事，你也应当为自己高兴。但是有一点，如果这一成绩的取得也得到大家的帮助，那你千万别独占功劳，否则他人会觉得你好大喜功，抢占了他人的功劳。如果成绩的取得确实是你个人的努力，当然应该值得高兴，而且他人也会向你祝贺。但对于你来说，千万别高兴得过了头，洋洋得意，沾沾自喜，因为这一方面可能会伤害有些人的自尊心，另一方面，职场中害"红眼病"的人不少，如果你过分狂喜，人家能不眼红吗？

有个部门经理这一年的业绩尤为突出，年底时，老板在表彰会上特别表扬了他，并在颁发奖金外，额外还给了他一个红包。大会上的主持人就此事，请他谈谈心里的感受。

他面对公司所有人说起了自己这一年来如何兢兢业业，如何积累知识，如何提高能力等等，可就是没有提及一句感谢上司对他的信任和重用，还有同事及其下属对他的帮助和合作之类的话。大会一结束，便一溜烟地跑了，也没有邀请同事们庆祝一下。

虽然，表面上大家都没有说什么，但从此他的上司就开始了有意的刁难，同事们也开始了有意的疏远，下属们也变得懒散，以至经常顶撞他。

一段时间后，他曾经挂在脸上的春风得意笑容消失了，逐渐变成了孤家寡人。

职场中每个人都希望自己与荣誉和成功联系在一起，如果你无视别人，就很难在职场立足。因此，不要感叹部门经理上司、同事和下属度量的狭小！其实造成最后这种局面的根源还是在他自己。谁让他忽略了别人的感受呢？其实每个人都认为别人的成功中总有自己功劳和苦劳的一份，而这个部门经理却傻乎乎地独自抱着荣耀不放，别人当然不会为他如此自私的做法而感到舒服了。

其实，别独享荣耀，说白了就是不要去威胁别人的生存空间，因为你的荣耀会让别人变得暗淡，产生一种不安全感，给别人带来压力。而当你获得荣誉时，你去感谢他人、与他人分享、为人谦卑，他们才会心理平衡，才会心安，潜规则就是这么微妙。

一家有影响力的公司招聘高层管理人员，有 9 名优秀应聘者经过初试，从上百人中脱颖而出，闯进了由公司老总亲自把关的复试。老总看过这 9 个人的详细资料和初试成绩后相当满意。但是，此次招聘只能录取 3 个人。所以，老总给这 9 个人出了最后一道试题。

老总把这 9 个人随机分成甲、乙、丙三组，指定甲组的 3 个人去调查本市婴儿用品市场，乙组的 3 个人调查妇女用品市场，丙组的 3 个人调查老年人用品市场。老总解释说："我们录取的人是负责开发市场工作的，所以，你们必须对市场有敏锐的观察力。让大家调查这些行业，是想看看大家对一个新行业的适应能力。每个小组的成员务必全力以赴！"临走前，老总补充道："为避免大家盲目开展调查，我已经叫秘书准备了一份相关行业的资料，走的时候自己到秘书那里去取！"

两天后，9 个人都把自己的市场分析报告送到了老总那里。老总看完后，站起身来，走向丙组的 3 个人，分别与之一一握手，并祝贺道："恭喜 3 位，你们已经被本公司录取了！"老总看见大家疑惑的表情，呵呵一笑，说："请大家打开我叫秘书给你们的资料，互相看看。"原来，每组都是 3 个题，并且一模一样，但每个人得到的资料都不一样，分别是本市婴儿用品、妇女用品、老年人用品市场过去、现在和将来的分析。老总说："丙组的 3 个人很聪明，互相借用了对方的资料，补全了自己的分析报告，作出了一份近乎完美的调查报告。而甲、乙两组的六个人却分别行事，抛开队友自己做自己的，调查结果自然有所偏差。我出这样一个题目，其实最主要的目的，是想看看大家的适应团队的合作意识。甲、乙两组失败的原因在于，你们只知单干，只按个人意识做事，没有合作意识，忽视了队友的存在！要知道，团队合作精神才是现代员工获得高绩效的保障！”

当我们走入职场工作的时候，我们面临的就是同事之间竞争。竞争的结果有两种，一种是它可以让你变得更优秀；另一种或者是你不适应这种竞争，最终被淘汰出局。对于一个刚参加工作的人来说，到一家公司也许对公司的一切都一无所知，这就需要你去发现，你去了解周围的同事。同时，周围的人们也在注视着你，这是肯定的，要想立足，首先就是要用竞争的姿态去适应工作环境。同时，不要因为竞争而丧失良好的印象，这也需要你去琢磨。

所以，在职业生涯中，当你的工作和事业有了成就时，千万记得不要独自享受。要让自己拥有团队意识，摒弃“自视清高”的作风，代之以“众人拾柴火焰高”的团队意识。注意到这一点，我相信你获得的荣耀能够助你更上一层，你的职场人生也将更进一步。

5 一人为人，三人为众

在职场里，共赢是一种分享成功的潜规则，是一种基于互敬、互惠的思考框架，目的是获得更多的机会，财富和资源，而非更多的竞争。

非洲大陆上有一种甜瓜，它是土豚的最爱。然而土豚并不是吃了之后就拍拍屁股走人，它还要把自己的粪便用泥土埋起来，因为那粪便中混有未消化的甜瓜种子。就这样，土豚“种”下了很多甜瓜，那些种子有土有肥，来年会结出更多的甜瓜，土豚就有了更多的食物。土豚和甜瓜互利互惠，彼此都得以繁衍生息下去。

在职业生涯的过程中，一定要牢记与人合作共赢的道理。一人为人，二人为从，三人为众，众人拾柴火焰高。看看这些自然界的例子。我们不难理解。束缚我们的并不是外界的客观因素，而是我们自己那颗不肯与人方便，不肯与人共利的心。

一位团队专家讲了个故事：乡下表弟送来两只活鸡，因为没工夫宰杀，就想把他们拴在一个固定的东西上。还在寻思栓哪儿适合。表弟却说：“看我的！”他把一根绳子的两头分别系在一只鸡的左腿和另一只鸡的右腿上，说“这样他们既能活动又跑不了。”再看那两只鸡，一个往右奔。一个往左挣，忙得不可开交，可是还是在原地打转转。这办法还真灵！

其实如果这两只鸡能相互配合，步调一致的话，他们就可以轻易地逃走。由此看来，束缚住它们的并不是那根短短的绳子，而是他们不团结不合作的心态。人知道利用鸡的这个弱点，但是自己却不自觉地犯着类似的错误。比如，一些创意天才分开来看每个人都是高手。可是把他们放在一起合作却并没有搞出堪称天才的创意来。因为他们互不服气或是自视清高不屑于配合别人，或是怕自己的创意被别人利用，于是不把自己的真本事全使出来。

再比如绿茵场上驰骋的健将，也许每个都身怀绝技，但是组成了一支队伍却未必有什么好成绩。因为他们没有团队精神，只想着表现自己，不愿意成就别人的成功。本来应该是人多力量大，可有的时候手脚反而施展不开了！所以，三个和尚没水喝的悲剧也就不可避免。

由此，可以看出在工作中，双赢和共赢是职场人际关系的最好结果和最高境界。职场中即使暂时实现不了共赢，也应该友好礼貌地结束，为今后的合作埋下伏笔，打好基础。

6 没有完美的个人，只有完美的团队

职场里，无论你从事什么样的工作，处于什么样的环境，都无法脱离他人对你的支持，一个人无法完成所有的事情。因此，在职业生涯中，你经常会听到一个词：团队。可以说，随着竞争的日趋激烈，团队精神已经越来越为公司和个人所重视，因为这是一个团队的时代。无论是从公司发展还是从个人发展方面，你都不能脱离团队而且必须融入团队中去。有很好的团队合作，才能取得更大的成绩。

职场中，每个人的能力都是有限的。一个人精力旺盛，往往误认为没有做不完的事。实际上，精力再充沛，个人的能力还是有一个限度的。超过这个限度，就是人力所不及的，也就是个人的短处了。所以合作就显得重要了。每个人都有自己的长处，同时也有自己的短处，这就需要与人合作，用他人之长补自己之短。

淡水龙虾被捉住后放在高高的直立而光滑的桶里，但要是不盖盖子，它们还真能逃走。为什么呢？仔细观察，你就会发现，原来它们一个顶着一个组成了一架长长的“虾梯”，齐心协力地摆脱即将成为人类美餐的噩运。

这个故事典型地反映出了一个人在团队中必须要懂得帮助他人，这样才能得到别人更多的帮助，使自己得到提升。否则，不但会影响自己的前途，而且还会让整个团队覆灭。竞争相当激烈的今天，已不再是单打独

斗、单枪匹马的时代，个人要想实现自己的目标，必须要懂得合作，并在合作中实现共赢的目的。一滴水要想不干涸的唯一办法就是融入大海，一个员工要想生存的唯一选择就是融入企业。而要想在工作中快速成长，就必须依靠团队，依靠集体力量来提升自己。做一名员工，一定要深刻认识到，只有企业先成功了，才有我们个人的成功。企业和员工的利益是一致的，因为个人的创造力、竞争力以及主动精神，才是现代企业竞争中最重要的资源。

篮球明星迈克尔·乔丹曾说过："一名伟大的球星最突出的能力就是让周围的队友变得更好。"时代需要英雄，更需要伟大的团队。21 世纪的竞争态势已经很明显，一个伟大的团队远远胜于英雄个人的作用。奥运会上梦之队的失利，美职篮中巨星云集的湖人败给没有大明星的活塞队，就说明了这一点。不仅体育中的团队项目如此，现代社会中的商战也是如此。

事实证明，光靠自己单打独斗，成功的希望实在是微乎其微。那些成功者之所以能取得成功，是因为他们总是在不断地与别人合作，不断地寻找可以帮助他们的朋友。

7 好风凭借力，借梯能登天

在职场里，好风凭借力，送我上青云是快速成功的一项潜规则。在自身能力达不到的范围内，就要善于借助外在的力量去实现目的。一个有才能而未能展现出来的人，也要找一个进阶的"梯子"，以使自己借力而上，借"梯"登天，充分展现自己的才能。

《红楼梦》中的薛宝钗填过一首《柳絮词》，其中有一句是"好风凭借力，送我上青云"。她一反大贬柳絮飘浮无根、无所附依的写法，而是用肯定的态度对其做了赞美。这正如有人不仅看到了辛勤耕耘的黄牛，也看到了黄牛背后不断抽动着的鞭子，这正是见识的独到之处。从中也可得到一个启示——一个人在事业上要想获得成功，除了靠自己的努力奋斗之外，有时还需要借助他人的力量，才能平步青云。

曾经有记者采访世界首富比尔·盖茨时问他成功的秘诀。盖茨说："因为有更多的成功人士在为我工作。"

众所周知，微软公司使数以万计的雇员成了百万富翁。可鲜为人知的是，他们中许多人在取得了经济独立之后，仍继续留在微软工作。在某些人看来，这些百万富翁大概是发了神经。的确，大多数人认为，发财就等于取得了辞职的资格证书。但是，微软公司的百万富翁们并不那样认为。那么，是什么神奇的吸引力，竟使这些百万富翁不是因为自己经济的需要而如此卖命地工作呢？

答案只有一个，那就是完全超越了自我的团体意识。这种团体意识，已在微软公司生根发芽。微软人认为，他们不属于自己，而是从属于微软这个团体。董事长比尔·盖茨在谈到团队精神时，讲过这样一段话："这种团队精神营造了一种氛围，在这种氛围中，开拓性思维不断涌现，员工的潜能得以充分发挥。"

在社会大舞台上，不论你从事什么事业，要想取得成功，都必须搞好人际关系。因为如果你不占天时、地利就必须得占"人和"。不论在哪一个专业领域，单独一个人想独力达到事业的顶峰，是不可能的事情。而要得到别人帮助的最好办法，就是愿意帮助别人。当你试着随时鼓励并协助他人求取事业的成功时，大部分人在你需要他们时都会助你一臂之力。不吝于伸出援手，你才会得到相等的回报。反之，你将一无所获。

事实上，每一个成功人士的背后都有一大批人在奉献。每一位知名企业家，幕后都有一个出色的团队；那些电影明星，身后都有制作团队；那些歌星，也都离不开音乐工作者和唱片公司的支持。这些人成功靠的不仅仅是自己的努力，更多的是大家的努力，所以有人说这是一个相互借力的合作时代。

8　学会借用别人的智慧

企业的竞争力在很大程度上取决于员工，企业欲在激烈的竞争中谋一席之地，必然要求全体员工具备团队合作能力，从而发挥团队精神，以形成强大的团队合力。

在职场中，与人和谐相处与分工合作的精神，是最高尚的人际关系。当你能与别人合作无间时，你的困难会因为多一个人进来分担而降低，而取得成就的喜悦会因为多一个人分享而加倍。你要记得，只要继续专心于自己的工作，并尽量协助他人，最终是会达成自己的目标的。要让自己始终保持友善及充分合作的态度并不容易，但你最后一定会发现，这样的努力是值得的。在一个团队中，你只需这样做便能不断地走向成功。

因此，在职场里，善于发现自己和别人的长处，并能够利用，不嫉妒别人的长处、不护自己的短处，能够协调别人为自己做事，与合作人之间建立良好的信誉，是非常重要的职场潜规则，也是人与人之间共同发展的技巧。

对于员工来说，如果你觉得有必要培养某种你欠缺的才能，不妨主动去找具备这种特长的人，请他参与相关团体。三国时的刘备，文才不如诸葛亮，武功不如关羽、张飞、赵云，但他有一种别人不及的优点，那就是一种巨大的协调能力，他能够吸引这些优秀的人才为他所用。多一样才华，等于锦上添花，而且通过这种渠道结识的人，也将成为你的伙伴、同行、同事、专业顾问甚至变成朋友。能集合众人才智的公司，才有茁壮成长、迈向成功之路的可能。

职场中，能够发现自己和别人的才能，并能为我所用的人，就等于找到了成功的力量。聪明的人善于从别人的身上汲取智慧的营养来补充自己，从别人那里借用智慧，比从别人那里获得金钱更为划算。

读过《圣经》的人都知道，摩西要算是世界上最早的领导者之一了。他懂得一个道理：一个人只要得到其他人的帮助，就可以做成更多的事情。

当摩西带领以色列子孙们前往上帝许诺给他们的领地时，他的岳父杰塞罗发现摩西的工作实在繁多，如果他一直这样下去的话，人们很快就会吃苦头了。于是杰塞罗想方设法帮助摩西解决了问题。他告诉摩西将这群人分成几组。每组1000人，然后再将每组分成10个小组，每组100人，再将100人分成两组，每组各50人。最后，再将50人分成五组，每组各10人。然后杰塞罗又教导摩西，要他让每一组选出一位首领，而且这位首领必须负责解决本组成员所遇到的任何问题。摩西接受了建议，并吩咐那些负责1000人的首领，只有他们才能将那些无法解决的问题告诉给他。

自从摩西听从了杰塞罗的建议后，他就有足够的时间来处理那些真正重要的问题，而这些问题大多只有他才能解决。简单地说，杰塞罗教导摩西学会了如何领导和支配他人的艺术，运用这个方法调动集体的智慧。

作为一个努力工作的人，当你有了切实可行的行动计划之后，不妨把你的梦想蓝图、未来展望，与你的家人、亲友、同事、同行等共享。律师、银行家、会计师也不失为帮你出主意的好对象，多向他们请教，听听不同的声音。

工作中，与人讨论你的计划时，要给对方畅所欲言和批评的机会。他们会提出许多问题，甚至指出你从未留心的地方，点出你看不见的机会。在这股动力驱使下，你必须一一找出答案，可以把眼光放得更远，做到未雨绸缪。

在职场中，把你身边有智慧的人充分调动起来，形成一个智囊团。有了智囊团之后，还要广泛接受大家的意见，多和不同的人聊聊你的构想。你接触的人际范围愈广，决心就会更坚定。多用点脑子来观察身边的事物，多用些时间来倾听各类的意见和评语，观察别人对你的做法有何反应。在这些与你聊过的人当中，你可以发现，谁愿意与你一路同行，谁又会扯你后腿。然后再对你身边的人进行选择，就能找到真正可以共同发展的伙伴。

用心去倾听每个人对你的构想计划的看法，是一种美德，它是一种虚怀若谷的表现。广纳意见，将有助于你迈向成功之路。

9　拉大旗作虎皮

在职场中，一个人在事业上要想获得成功，除了靠自己的努力奋斗外，还要善于借助他人的力量才能事半功倍。这时“拉大旗作虎皮”是一个不错的职场潜规则。

在现实中，经常可以看到这样的现象：由于人们所处机构的层次不同，便严重影响社会对自身的评估。处于声望较低机构中的人，尽管其才能或成果是一流的，却往往不能得到施展和承认；相反，在声望较高的机构中工作的人，可能其才能或成果是二流的，甚至是三四流的，但却容易人尽其才，被承认的机会相对要多得多。美国著名科学家杰里加斯顿把这一现象称之为“波顿效应”。

在“波顿效应”的阴影下，古今中外不知埋没了多少优秀人才。英国的地质学之父史密斯，是生物地层学创始人。他原是个标尺工出身的工程师。他编绘的“英国地层表”被埋没了 20 年之久，究其原因就是因为当时社会认为他是个出身卑贱、无人知晓的测绘人员。我国陆家羲的数学论文在国内一直不能发表，这与他只不过是包头市九中的一个普通教师有着极大的关系。那么，我们怎样才能走出“波顿效应”的阴影，使自己的才华得以施展、成果得到承认呢？其办法就是寻求权威、名人的举荐、提携。

有一个美国出版商，在总统身上大做文章，不仅推销掉积压的图书，而且还取得了可观的经济效益。一次，该出版商为仓库里堆积如山的图书卖不出去而发愁，忽然他眉头一皱，计上心来。过了几天，他通过朋友送给美国总统一本样书。后来，总统看到了这本书，只浏览了几页，便漫不经心地说：“这本书不错。”出版商闻讯，利用总统这句话大做广告，一个月内把积压图书全部卖光。其后，又有一批图书积压，该出版商因尝到了甜头，给总统又寄了一本样书。这一回，总统不给面子，评论说：“这本书糟透了！”于是，该出版商在广告中大肆宣传：“本公司有一本总统认为很糟糕的书出售！”不久，该书销售一空。几个月后，该出版商又遇到了图书积压的难题，他像以前一样如法炮制，寄给总统一本样书。这一回，总统学聪明了，干脆对他的书一言不发。于是，该出版商在广告中写道：“这里有一本总统难以评价的书出售！”结果，所剩图书轰然销尽。

在现代的政界和商界交往中，把极有号召力的旗号拉扯过来，当成虎皮，用来骗人和吓人，这是一种有效的做法，其根本目的是借力用力。特别是当某些人的力量很弱小、无力形成强大的声势时，常可以借助别人的旗号，布置成有利于自己的阵势。

有一位推销员，为了推销百叶窗帘，他知道某公司的经理与某局长是老相识，便打听到经理的住处，提一袋水果前往拜访，彼此寒暄后，他说出了几句这样的话：

“这次能找到你的门，是得到了王局长的介绍，他还请我替他向您问好……”

“说实在的，第一次见面就使我十分高兴……听王局长说，你们的公司还没有装百叶窗帘……”

第二天，百叶窗帘便成交了。此人高明之处就是有意撇开自己，用“得到了王局长的介绍”这种借他人之力的迂回攻击法，令对方很快就接受了。

在潜规则看来，这种“吹牛”也算是一种本事。运用“吹牛”的方法多种多样，千奇百怪，目的和效果也不尽相同，正所谓“运用之妙，存于一心”。在职场中，首先就要敢于并善于“拉大旗作虎皮”，这与“狐假虎威”相比，虽然都是靠更加有威势的第三者的压力，促成所求之事，但是对后者来说，“狐”与“虎”确实存在着某种联系，而本策略最妙之处在于，求人者其实根本与这个第三者没有任何联系，只是假借它的名头唬人罢了！

1981年国际市场需要润滑油基础油，大连石油化工公司看准这一行情，不惜工本，按照国际标准生产出八种牌号的润滑油基础油，打入国际市场后，名声大振。可是，好景不长，由于国际石油市场竞争激烈，油价下跌，继续坚持出口，公司将一年要亏损1100万元。面对危机，公司经理黄春警认为，参与国际交易我们是后起者，在强手如林的情况下，要挤进去不容易，我们应想办法站住脚。如果一遇风浪就退出来，那么，想再占领市场就会更困难。他决心带领公司同仁从夹缝中冲出去。为此，他亲自到欧美一些国家做市场调查，搜集信息，寻找合伙对象，开辟新市场。

在美国北部，黄春警找到美国著名的鲁布尔石油公司国际销售部。黄经理开门见山地说，希望你们能买我们的产品。“洋”经理说，你凭什么让我们把别的公司的产品推掉，而买你们中国的产品？黄经理就不卑不亢地列举了大连石化公司的三大优势。一、我们公司的产品质量有保证、信誉好；二、我们可以长期合作，保证长期供货；三、我们公司有自备码头，保证交货及时，并有良好的服务，产品资料齐备，保证信守合同。黄春警在大谈了自己公司的三大优势后，不紧不慢地告诉这位总经理，贵国莫比尔已经购买了我们的产品。

最后的不经意正是点睛之笔，莫比尔石油公司在美国享有盛名，是世界第六大工业公司。这位经理听说莫比尔公司已购买了大连石化公司的产品，立即放下架子，同意洽谈生意，并对大连石化公司的产品作了质量评定。经检验，大连产润滑油基础油全部指标达到规定要求。他们很快向世界各地分公司发放了准予购买大连产中性油的许可证。就这样，大连石油化工公司开辟了新的市场，中国石油产品终于在国际石油市场上占有了一席之地。

这个社会纷繁复杂，真真假假，假假真真，谁能时刻提那么高的警惕去辨别真假？因此很多人就可以钻空子。如果你到处宣扬你与某大人物是“铁哥们”，是“一个战壕里的战友”，别人一定首先打个问号，这是人人都有的一个防御心理。由于你本来就是“吹牛”，所以一旦别人有了怀疑，再想消除就难了。因此，“拉大旗作虎皮”的方法能否成功取决于别人会不会相信你真的很有背景。为此在借力过程中，态度要不卑不亢，使之对你产生与众不同的感觉。对方很自然地会想到“这小子可能有些来路”。

潜规则七

老板需要能臣，但更喜欢忠臣

蒙牛董事长牛根生关于人才有一段著名的话：有德有才，破格重用；有德无才，培养使用；有才无德，限制录用；无德无才，坚决不用。这里的“德”极其重要的一部分就是忠诚。忠诚，更多的是一种职业道德：不出卖公司的利益，不做损害公司利益的事情，不做吃里爬外的事情。可以说，忠诚而有能力的员工，是每一个领导都梦寐以求的人。

1 忠诚是员工的生存之道

职场中，为什么有的员工到处受欢迎，甚至常受到其他公司高薪聘请，而有的员工到哪儿都平平淡淡，甚至总被淘汰？为什么有的员工晋升很快，薪水很高，而有些员工却总是原地踏步，总得不到晋升和提薪？在现代企业之中，是什么造成了这两种员工之间如此巨大的差异呢？实际上，这就是员工的内在品质起了最后的决定性作用。

员工最可贵的品质莫过于忠诚。但是，在这一点上，许多员工却好像难以走出一个误区，他们认为，不论自己做什么工作，只要做好就行了，至于其他的因素可以不用考虑。这种想法显然是错误的？忠诚是员工的生存之道，也是重要的职场潜规则。对自己的企业忠诚，从某种意义上讲，就是忠诚于自己的工作。你是一个老板的下属，你就有义务忠诚于老板，因为老板给了你就业的机会；你在一个团队中担任某个角色，你就有义务忠诚于团队，因为团队给了你展示才华的空间；你和搭档共同完成任务，你就有义务忠诚于搭档，因为搭档给了你支持和帮助。总之，忠诚不是讨价还价，忠诚是你作为社会角色的基本义务，也是员工在职场上必须遵守的潜规则。

南京一公司招聘设计师时，对前来面试的应聘者提出的唯一问题是：说说三国关羽的故事和所受的启发。很多应聘者心里疑云重重：设计师的水平和关羽的故事之间有什么联系呢？

公司负责人王经理称，此举是想让应聘的员工对公司忠诚。他从小就喜欢读《三国演义》，尤其崇拜关羽，关羽自古以来都被当做忠诚的化身。关羽自己说过："义不负心，忠不顾死。"所谓忠义，就是员工的忠诚度。正是因为这种纯粹的忠诚度，让以刘备为首的兄弟们组成了当时最有凝聚力的一支团队。

公司负责人王经理认为现代社会的企业员工也要学习关羽。员工们的频繁跳槽对公司的影响太大了，自己公司还是小企业，在刚开始发展时不能因为员工跳槽问题带来混乱，所以在选择员工时第一要求就是忠诚。

职场中，忠诚的人容易获得别人的信任和支持，也值得别人对他委以重任，因此忠诚的人更容易获得成功的机会。因为对你自己而言，你的忠诚就是你成功的通行证。曾有人对上百家企业进行过深入的研究，目的就是想知道什么因素让一个员工受到老板的重用。结果是，忠诚决定了一个员工在企业的地位，以及受到老板重用的可能性。在企业里升职最快的往往不是能力最强的人，而是那些既有能力又足够忠诚的人，他们的能力得到老板的赏识，他们因为忠诚而受到老板的信任，因此，在有职位空缺的时候，老板首先想到的是他们。

一次，马耳他王国有位王子深夜从外地办完事回王宫，看到一个仆人正紧紧地抱着自己的一双拖鞋睡觉，他上去试图把那双拖鞋拽出来，却把仆人惊醒了。这件事给这位王子留下了很深的印象，他立即得出结论——对小事都如此小心的人一定很忠诚，可以委以重任，所以他便把那个仆人升为自己的贴身侍卫。结果证明这位王子的判断是正确的。那个年轻人在工作中勤于思考，忠心办事很快升任了侍卫长，最后当上了马耳他的军队司令。

能否在事业上有所成就，平步青云，就在于你是否忠诚于你的老板。我们应该知道，在这个世界上，并不缺乏有能力的人，但那种有能力又忠诚的人，才是一个顶级企业所需要的最理想的人才。因为人们宁愿信任一个能力差一些却足够忠诚敬业的人，而不愿重用一个朝三暮四，缺乏忠诚的人，哪怕他再能力非凡也不行。

2 万万不可为了私利出卖公司

在职场里，保守秘密，是员工的基本行为准则，是事业的需要。公司秘密关系到企业的成败，关系到上司的声誉与威望。身为员工一定要对保密做到守口如瓶。保守秘密，是身为员工忠诚工作的具体表现。

对于员工来说，不能为了个人私利而出卖公司，这是职场潜规则的忠告。无论什么原因，一个人只要失去了忠诚，就失去了人们对他最根本的信任。相反，如果一个人在工作中一直坚持忠诚的原则，忠于公司，必将获得老板的赏识和众人的尊敬。

职场中，没有哪个公司的老板会用一个对自己公司不忠诚的人。“我们需要忠诚的员工。”这是老板们共同的心声。因为老板知道，员工的不忠诚会给公司带来什么。只要自下而上地做到了忠诚，就可以壮大一个公司，相反，就可能毁了一个公司。在越来越激烈的竞争中，人才之间的较量，已经从单纯的能力较量延伸到了品德方面的较量。在所有的品德中，忠诚越来越得到组织的重视，从某种意义上说，忠诚更是一种能力，因为只有忠诚的人，才有资格成为优秀团队中的一员，才能更好地发挥自己的能力。

王斌到一家 IT 公司面试。他的工作能力无可挑剔，但是他们提出了一个使王斌很失望的问题：

“我听说，你曾帮助一位朋友的公司开发一个新的应用程序软件，据说你提了很多有价值的建议。我们公司也在策划这方面的工作，你能否透露一些你朋友公司的情况，这对我们很重要，而且这也是我们为什么看中你的一个原因。请原谅我的直白。”面试官说。

“你问我的问题令我感到失望，同样我的回答也会使你失望的。很抱歉，我有义务忠诚于我的朋友，无论何时何地，我都必须这么做，与获得一份工作相比，忠诚守信对我而言更重要。”王斌说完就走了。

朋友都替王斌惋惜，他却为自己所做的一切感到坦然。

没过几天，王斌收到了来自这家公司的一封信。信上写着：“亲爱的王斌，祝贺你被我公司录用了，不仅因为你的专业能力，更重要的是你的忠诚。”

其实，这家公司在选择人才的时候，一直很看重一个人是否忠诚。他们相信，一个能对原来公司忠诚的人也可以对自己的公司忠诚。这次面试，很多人被刷掉了，就是因为他们为了获得这份工作而对原来的公司丧失了最起码的忠诚。这些人中，不乏优秀的专业人才。但是，这家公司的人力资源部主管认为，一个人不能忠诚于自己原来的公司，人们很难相信他会忠诚于别的公司。

商场如战场，保守商业秘密同保守军事秘密同等重要。保守企业秘密是员工应该遵守的职业潜规则，员工要时刻绷紧这根弦，避免自己不小心而祸从口出，给企业和自己带来不必要的损失和灾难。

职场中，一个对公司缺乏忠诚的员工，执行任务时，一遇到困难就会撂挑子，即使迫于上司的压力，也会推诿拖延，并想方设法地寻找借口。更有甚者，面对巨大利益的诱惑，他会置公司的利益和职业道德于不顾，出卖公司的机密。这样的员工，即使具有非凡的能力，又有哪个公司敢重用呢？

战场上的叛徒背叛他的部队，是因为忠诚不足。公司职员出卖公司机密，也是因为忠诚不足。这样的事例不胜枚举。可见一个人若是失掉了忠诚，一切都无从谈起。工作在生活方面是为了谋生，为了糊口，但也不能“有奶便是娘”，谁给钱多就为谁干。比如，在一些企业中，有些人随意带走客户关系或技术资料，跑到竞争对手那边，反过来威胁原来的企业，这不但是不道德的，甚至是违反法律的。即使一个人更换工作的时候，也不能抛弃自己的“忠诚”，而应该一如既往地对自己原先公司的秘密守口如瓶。如果一个人为了一丁点儿利益而出卖公司的话，这样的人在世界的任何角落都不会受到欢迎。甚至背叛者还会受到法律的制裁和道德谴责，以及来自良心上的不安。因为他出卖的不仅仅是公司的利益，还有他自己的尊严和人格。哪怕是从他手中获得利益的人，也会从心底对他产生鄙夷。

3 忠诚的人不怕犯错

人生在世没有人会不犯错误，有的人甚至还一错再错，既然错误是无法避免，那么可怕的不是错误本身，而是怕错上加错、不敢承担责任。任何事情都有它的两面性，错误也不例外，关键就在于你从什么样的角度去看待它，以怎样的态度去处理它。

人非圣贤，孰能无过，知错能改，善莫大焉。发现错误的时候，不要采取消极的逃避态度。而是应该想一想自己应怎样做才能最大程度地弥补过错。只要你能以正确的态度对待它，勇于承担责任，错误不仅不会成为你发展的障碍，反而会成为你向前的推动器，促使你不断地、更快地成长。

孙昊是某化工厂的财务人员。一天，他在做工资表时，给一个请病假的员工填了全薪，忘了扣除其请假那几天的工资。于是孙昊找到这名员工，告诉他下个月要把多给的钱扣除。但是这名员工说自己手头正紧，请求分期扣除，但这么做的话，孙昊就必须得请示老板。

孙昊认为，老板知道这件事后一定会非常不高兴的，但孙昊认为这混乱的局面都是因自己造成的，他必须负起这个责任，于是他决定去老板那儿认错。

当孙昊走进老板的办公室，告诉他自己犯的错误后，没想到老板竟然说这不是他的责任，而是人事部门的错误。孙昊强调这是他的错误，老板又指责这是会计部门的疏忽。当孙昊再次认错时，老板看着孙昊说："好样的，你能在做错事情的时候主动承认，不推到别人的身上，这种勇气和决心很好。好了，现在你去把这个问题解决掉吧。"事情就这样解决了。从那以后，老板更加器重孙昊了。

在职场中，如果只是顾全面子，不敢承担责任的话，那最后吃亏的只能是你自己。假如你犯了错且知道免不了要承担责任，抢先一步承认自己的错误，不失为最好的方法。自己谴责自己总比让别人骂好受得多。如果勇于承认错误，并把责备的话说出来，十有八九会宽大处理。作为一个平凡的人，在工作过程中难免会犯一些错误。虽然有些人认识到了自己的错误，但没有勇气承认，或把犯错的理由归结于别的因素。只有极少数人能够站出来，勇敢地坦白，在他们看来承认错误就意味着要受到责罚，却不知道领导则认为沉默和狡辩的托辞意味着逃脱责任。

小杜在一家工厂任技术员。经过几年的实践锻炼，在老同志的帮助下取得了一定的成绩，并且被提拔成车间副主任，负责车间的生产技术工作。

有一次，车间的生产线发生了一些问题，产品质量也受到了影响。他看过之后，便立即断言是原料的配比不合适，认为在投放新的一家企业提供的原材料后，原有的配比必须改变。但调整之后，情况仍不见好转。此时，另一位技术人员提出了不同的见解，认为问题的症结并不是新的原料或原料配比不合适，而在于设备本身的问题。对此，小杜从内心觉得技术员的看法很合理，但是，他觉得自己是负责全车间技术与工艺的领导，如今自己的判断出现了失误，就必须承担一定的责任。

为了避免责任，他一方面继续坚持自己的看法，另一方面也布置专人对设备进行必要的维修和调整。但是由于贻误了时机，问题最终还是爆

发了，给公司造成了巨大损失。小杜也失掉了工作。

职场中，有很多人喜欢好高骛远，不能踏踏实实地工作，工作中出现一些小问题也不愿深究。他们的观点是：如果我所犯的错误性质十分严重，我一定会承认的；如果是芝麻大的一点小错，那么再认真地计较，难免有点小题大做，依我看根本没有这个必要。如果你也是这样看待错误的，那就大错特错了。

面对犯错的最佳对策便是勇敢承担责任。对待失误的态度从某种程度上可以说是一个人的敬业精神和道德品行的体现。是自己的责任就要全力承担，一定不能推卸，要诚恳地承认错误，并积极地寻求补救的办法。如果不是由于自己的过失造成的，也不要急于替自己辩白，应首先着眼于公司的利益，等事情得到了妥善处理，事情的真相自然会浮出水面。如果你确实被误会了，你的同事和上司也会在事实中看到，还你一个清白。你一定要相信，只有敢于承担责任的人，才有可能做成大事。

人的一生所可能犯的最大错误，是因为怕犯错而不敢尝试。赢家不怕犯错，只怕因为怕犯错而不敢承担。有的人成功了，只因为他们敢于承担责任并吸取教训。因此，遇到问题不要畏惧，要勇敢地去面对，只有抱有这种想法的人才会一步步走向成功。

4 工作不要应付了事

在职场中，每个企业都可能存在这样的员工：他们每天按时打卡，准时出现在办公室，却没有及时完成工作；每天早出晚归、忙忙碌碌，却不愿尽职尽责。对他们来说，工作只是一种应付：上班要应付、加班要应付、上司分派的工作要应付，顺理成章地，工作检查更要应付，甚至就连睡觉时也要忙着应付——想着怎样应付明天的工作。

早晨的闹铃响了好几遍，美佳食品公司的销售人员小黄才从床上挣扎起来，脑子里第一个感觉就是：痛苦的一天又开始了。他匆匆忙忙地赶往公司，早餐也顾不上吃。跨入公司大门，还是神情恍惚，坐在会议室睡意朦胧地听着经理布置工作……一天的痛苦工作之旅就这样开始了。

小黄上午拜访客户，结果遇到拒绝和冷遇，心情简直糟透了，仿佛世界末日即将来临。下午下班前回到公司填工作报表，胡乱写上几笔凑合一下交差……一天就这样结束了。

平时没有花时间学习，懒惰，思想消极，从不好好去研究自己的产品和竞争对手的产品，没有明确的计划和目标，从不反省自己一天做了些什么，有哪些经验、教训，从不认真去想一想顾客为什么会拒绝，在销售产品的过程中为顾客带来了什么样的服务和满足，当一天和尚撞一天钟，混一天算一天……这就是小黄真实的工作写照。

到了月底一发工资，才这么点，真没意思，看来该换地方了，于是小黄很牛气地炒了老板的鱿鱼。一年下来，换了五六家公司。日复一日、年复一年，时间就这样耗尽了。结果是“三个一工程”：一无所获，一事无成，一穷二白！

在职场里，一些人做事总是不用心，对工作能敷衍就敷衍、能应付就应付、能逃避就逃避。“粗心、懒散、草率”等这样一些字眼，是他们工作的主要表现。以这样的态度去工作，其结果可想而知。

职场中敷衍了事的人不只是工作起来效率较低，自己阻碍了自己发展和进步的道路，而且会给人们留下做事情不负责任、工作粗心大意的坏印象，从而很难获得上司的信任和重用，自然也就无法获得同事的尊重。所以，敷衍工作，实在是阻碍员工前进的大敌。

对工作应付了事，是员工缺乏责任心的一种表现，它实际上是工作中的失职，是隐藏在我们通往成功道路上的一颗定时炸弹，一旦时机一到，就会轰然爆发,贻害无穷。然而,让人揪心的是,这种现象在我们的工作中依然普遍存在着。

比如在很多公司中,一些员工对布置的工作,不积极努力地去做,按质按量地去完成,而只做一些表面文章,这些员工不重视日常事务,基础工作不踏实、不完善,审核前实行突击战略,只做表面文章,应付了事,对于这种工作作风,实际效果可想而知。

从某种意义上说,这种应付工作的态度比拒绝执行更加可怕。如果你拒绝执行,管理者会找一个人来替换你的工作,而应付者则从一开始就蒙住了管理者的双眼,让危害在最后时刻爆发,最终就是害了公司也害了自己。

5 工作不在多少,关键是有没有做到位

在职场里,同样一份工作,哪怕再简单,不同员工做出的结果都不尽相同。有的员工第一次就能做到位,而有的员工则需要做很多次才能完成,究其原因是对工作的执行力不一样。工作重在落实,一定要第一次就把工作做到位,这样才能提高工作效率和业绩。如果做什么事情都拖拖拉拉,不能一次就把工作做到位,那样不仅会浪费更多的时间和精力,还会给人以能力差和态度不认真的印象。这也不是一名懂得职场潜规则的员工应有的行为,他也成为不了优秀的员工。

虽然很多企业要求自己的员工第一次就把工作做到位,但是,不少员工却错误地认为这个要求太苛刻,不近情理,因为“我们都是平凡人,怎么可能不犯错误呢”?有的员工甚至认为在工作中出现一点小错,是很正常的。比如,生产工人认为一个零件不合格,对公司并不能造成什么明显的损失,没有必要小题大做;也有人说:“第一次没做到位不要紧,我可以做

第二次、第三次。”是的，第一次没做到位是可以做第二次，甚至第三次，但是这样做既浪费时间又浪费精力。

在很多成功的企业里，“第一次就把工作做到位”不仅是可能的，而且是必须的。比如，在麦当劳，炸鸡腿、鸡翅的时间都是用秒来控制的。少一秒，鸡肉没熟透；多一秒，鸡肉会变老。也就是说，无论多一秒还是少一秒，都会影响鸡肉的口感。因此，每个麦当劳的员工都必须一次就把工作做到位。

福特公司也是这样要求员工的。在整条流水生产线上，每一个零配件生产出来之后，马上就被送去组装，因为没有库存，任何一个环节出了问题，都会导致全线停产，所以必须要求第一次就把工作做到位，对此，没有任何回旋的余地。

中国正与世界接轨，中国企业与国外企业技术、规模、营销方面越来越接近，在生产管理、流程设计方面也并不比许多国际大公司逊色，但是彼此之间存在着如此大的工作效率差距呢？为什么？回答是：中国人做事做不到位。把工作做得“差不多”成了他们的行为准则。员工与员工之间的工作时间差不了多少，但是每个人相差一点点，积累起来就形成了企业效益之间巨大的差距。每个企业相差一点点，积累起来就形成了国家生产力之间巨大的差距。

海尔总裁张瑞敏过这样一段话：如果让一个日本人每天擦六遍桌子，他一定会始终如一做下去；而如果是换成中国人，一开始也许他会按安排擦六遍，慢慢地他就会觉得五遍、四遍也可以了，最后索性不擦了。中国人做事的最大毛病是不认真，做事没有恒心。每天工作欠缺一点，学习放松一点，天长日久就成为落后的顽症。虽然不是所有的中国人都是这样，但至少在我们中间，这样的人、这样的事还真不少。这话值得我们思考。

对于员工来说,也许最应该提的两个字就是到位。毫不夸张地说,企业和组织里从来不缺乏聪明人,也从来不缺乏能够做大事的人,但是缺乏那种能够将工作踏踏实实地做对并做到位的人。不管你是初入职场的新人,还是久经磨炼的职场老手,在激烈的职场竞争中,第一次就把工作做到位就是最基本的要求,也是我们的做好工作的潜规则。

6 尽力做些分外的工作

在职场中,我们常常会遇到这样的情形:领导或者同事有时会让你做一些额外的工作。这个时候你应该怎么办?不少人会以“这不是我分内的工作”为借口进行推托,最后即使是去做了,也是迫于领导的压力,或碍于同事的面子,但自己却心不甘、情不愿、气不顺。

“这不是我分内的工作”,这话说起来很容易,但它却反映出一个人的责任和用心。一个懂得潜规则的员工是不会说这句话的,在他们眼中,工作不分分内分外。他们懂得一个道理:分内的工作是自己应该完成也是必须完成的,而分外的工作是自己在时间允许且完成了本职工作的前提下,能尽量去多完成的事。

当然,分外工作说起来容易,但做起来难度不小。假如某一天,单位不止一位同事请假,部门紧缺人手,而所要做的工作却很多,在这一天你除了顺利完成自己当天的工作外,还要兼顾帮助其他同事做事,当然这是你的分外工作。这个任务虽然看起来很简单,而实行起来却颇为吃力,不但要耽搁你的时间,还需要花去你很多力气。不过,明了潜规则的员工都知道:“我必须将它们都做好!”因为只有这样,企业或上司才会有机会知道你具有身兼多职的才能,而这也正是你在企业脱颖而出的关键。那些眼里除了自己工作外就没有其他事情要做的员工,又怎么能让企业或上司知道他有多大才干呢？又有什么资本为自己要求升职加薪呢？

检讨一下自己，你是怎样做的？你是否像下列员工一样：

"啊，终于下班了！"甚至在下班前的半个小时，就已经收拾好案头，只等铃声一响，就像出巢的燕子？

"老板，我的专职工作是搞设计的，您让我多干些别的，那可是分外的事啊！要么给我奖金，要么我不干！"

"加班，加班，怎么老有干不完的活儿？真是烦死了！"

"算了，不是我的事，我才不管呢！"

"多一事不如少一事，干得多，错的多，何苦呢？"

如果是的话，就要立刻改掉吧！"一分耕耘，一分收获"，世间自有公道，付出总有回报，这是颠扑不破的真理。千万不要去嘲笑那些多做额外工作的人，其实，他们并不傻，只是他们的心地宽，眼光远，抱负大。

一位驾驶教练说起过他的经历。他曾经是给公司领导开车的，当时的领导一般都习惯于让司机帮家里代买一些东西，而司机们都乐于做这样的事情，不会有哪一个司机说，这不是他分内的工作。

因为，如果领导不愿意让你参与家务，那就说明领导对这个司机不信任了，这样的司机是不会有好前途的。特别是，假如领导连分内的事情都不让你干，那就相当于把你"枪毙"了。

在职场里，付出多少，得到多少，是一个众所周知的潜规则。也许你的投入无法立刻得到相应的回报，但不要气馁，应该一如既往地多付出一点，回报可能会在不经意间以出人意料的方式出现——晋升或者加薪。

因此，在职场中并不是多做一件事或多帮别人干一点儿活就是吃亏。其实这是一种福气，说明领导信任你。比如，领导让你帮同事一把，这不是吃亏,这是为集体做好事,还加强了同事之间的友谊。假如领导让你加加班赶赶任务,你不要以为你就吃亏了,你应该感到光荣,因为领导只叫了你,而没叫其他人,而且,你还可以从中学到不少新东西,提高自己的能力。正是那句老话“吃亏是福”,这里说的“吃亏”是一种奉献精神,你贡献得越多,得到的回报也就越多。每次你多做一些,别人就欠你一些。多做一些,机会将随之而来。

7 不起眼的工作也要认真

有位著名的企业家说过这样一句话:“要想干大事,就要先把眼前的小事做到位。”这句话非常有道理,一屋不扫何以扫天下?如果你不愿意将眼前的扫屋子这类小事做好,又怎么能去做大事情呢?

华特和米勒同为建筑学院的学生,毕业时他们同时被一家大型建筑公司聘用。华特和米勒非常高兴,因为他们被认为是建筑学院的高才生,很受老板的器重。但是让他们大吃一惊的是,上班的第一天,老板却安排他们俩去跟搅拌水泥的师傅一起学习。

面对老板的安排,自负的华特难以接受,心想搅拌水泥有什么好学习的?不就是把沙子、水泥、石子、水等材料按一定的比例混合在一起,然后再倒进搅拌机吗?让我做这样的事,真是浪费人才。有了这样的想法后,华特搅拌水泥的时候漫不经心。

米勒与华特有不同的想法,他接到安排后,高兴地说:“搅拌水泥一定很有学问,我一定要把它干好!”于是,他高兴地搅拌着水泥。

米勒在这件事情上的表现给老板留下了深刻的印象。在做好本职工作之外,米勒还经常把集体的事情做了,把眼前的事情解决掉,以方便大家。比如，早上来到办公室，发现垃圾没有倒。他会主动把垃圾倒掉，发现没水了，他会主动联系送水工。渐渐地，他得到了老板和同事们的认可，被老板委以重任。而华特由于心高气傲，不屑于做好眼前的小事，被老板解雇了。

工作无小事是职场中的一个重要潜规则。其实很多眼前的事情都是小事，很多人不在意、不重视，甚至敷衍了事，能不做就不做，殊不知，这种心态是在糊弄别人，更是在糊弄自己。只有那些善于做好每件小事、善于做好眼前的事情的人，才有希望获得成功的机会。

职场里，有些人负责一些比较重要且引人注目的工作，另外也有一些人负责的是常被人们忽视的琐事。假如你正好是担任这些不受到重视的琐事，你或许很容易就感到沮丧。

也许在你的周围，有的工作是绝大多数人都不想做的“讨厌的工作”，人们对待这样的工作，都是一副避之唯恐不及的态度。但是，工作总要有人来做，众人只想暗自祈祷这差事可别降到自己的头上。假如你表示自愿做这种没有人要做的工作会怎样呢？这不但能赢得同事的尊敬，更能够得到老板的认同。

事实上，这一类工作一般比那些表面看起来花哨动人的工作，更能激发你的斗志及潜藏的乐趣。假如你能够接受别人所不愿意接受的工作，并且从中体会出辛劳的乐趣，就可达到别人所无法达到的职场境界。

8　助公司成功，也是助自己成功

在职场里，不是每个人都可能独自创业，多数人从进入公司的那一刻起，自身的利益就和公司绑在一起，和老板绑在一起。公司成功了，老板成功了,员工就成功了。反之,公司倒闭了,老板破产了,员工就会失业。所以,吊儿郎当混日子,不如帮助领导取得成功。这样,领导成功的那一天,你自然也就成为了成功者。

小雷是某金融公司总裁的助理,他临时接到一项紧急任务:根据领导提供的材料,准备一份大型会议报告。在写报告的时候,他注意到其中一组关键数据与事实相差很远,如果用这组数据,这份报告就会有很大的漏洞。于是,他便马上通报领导,向领导反映了这一情况。领导感谢小雷及时发觉了他的疏忽,并对此做出了改动。会议顺利结束后,领导对小雷做出的努力再次道谢。不久,小雷的薪水被提高了两倍。

在职场里,个人的成功往往要建立在企业的成功上。如果企业不能实现快速增长,获得高额利润,员工就很难获取丰厚的薪酬;如果企业不能获得利润而倒闭,领导就会受损,员工也会陷入失业状态。换而言之,企业的成功从某种程度上也就意味着老板的成功,也就意味着员工的成功。所以,员工与领导的关系是“一荣俱荣,一损俱损”的关系。只有老板成功了,你才能成功。职场中那些时刻和领导站在一起并帮助公司不断获得成功的人,最终必将成为公司的中坚力量,他们自己也会借此成为带着光环的成功人士。所以,当你无法独立地拥有一份自己的事业的时候,你最好的选择就是——帮助公司走向成功。

小江是一家房地产公司的一个小文员,他总是埋头忙于做不完的文案,他知道,工作认真刻苦或许是他唯一可以和别人一争短长的资本。一年后,因为经济危机,领导在一项工程上投入的3000万元被套死,公司开始出现资金困难,员工的工资开始告急,许多员工纷纷跳槽。到最后,公司总经理办公室的人员就只剩下他一个人了。因此,小江的工作量陡然加重,除了做文案,他还要接听电话、为领导整理文件等。对此,他并无怨言,还为公司出谋划策。

有一天,小江对领导说:“老板,我们公司并没有垮掉,我们用不着这样消沉。我们不是还有另一个项目吗？只要好好做，这个项目就可以使公司重整旗鼓。”

小江说完，拿出自己写好的那个项目的策划文案。领导埋头看了好一会儿，然后抬起头，满脸惊讶地说：“你的建议太好了。”

几天后，领导派小江开始做那个项目。两个月以后，项目完成。通过这个项目，小江为公司争取到了1000万元的资金。

公司终于有了起色。两年后，小江成了公司的副总，他与领导一起做成了好几个大项目。

在一次员工会上，领导一定要小江为在场的数百名员工说点什么。小江说：“其实很多事情都是相通的。通过这几年的经历，我的收获就是：帮助公司成功，帮助领导成功，我们就可以取得成功！”

“帮助公司成功，帮助领导成功，我们就可以取得成功。”这是职场中的至理名言。所以，当我们无法独立地拥有一份自己的事业的时候，我们最好的选择就是努力帮助我们的公司走向成功，你要知道，水涨船高，当你的公司水涨高的时候，身为员工的你自然也会步步高升。

9　没有做不好的工作，只有不用心的人

工作用心承载着能力，一个用心工作的人，才有机会充分展现自己的能力。用心不仅可以使人发挥自己的潜能和能力，用心还可以改变对待工作的态度，而对待工作的态度，决定你的工作成绩。在职场中，用心是一种很重要的潜规则，能确保一家企业在竞争中生存。无论是个人还是企业，依据这个潜规则，才能够存活。

一次失败的行动、一个错误的决定、一个流产的计划……问题看起来

都可能出自外在环境。但仔细分析,你就会发现,所有的问题往往都是由于自己不用心造成的。职场中很多人都在抱怨:为什么我比别人认真,比别人努力,但是成绩为什么总比别人差,总得不到认可?原因很简单:你没有用心!

每个企业都可能存在这样的员工:他们每天按时打卡,准时出现在办公室,却没有及时完成工作;他们每天早出晚归、忙忙碌碌,却没有做出什么成绩。对他们来说,工作只是一种应付:上班要应付工作,出差要应付客户,工作检查要应付领导等等。这些员工做一天和尚撞一天钟,没有奋斗目标,没有责任感,终日应付了事。这其实是员工缺乏用心的一种表现,更是工作中的失职。

小周是一位颇有才华的大学生,但对待工作总是不放在心上,常常要上司催促才做完。他认为:"这不是我的公司,我没有必要为老板拼命。如果是我自己的公司,我相信自己会像老板一样夜以继日地工作,甚至会比他做得更好。"

一年以后他自己开办了一家事务所。小周对朋友说:"我会很用心地做好它,因为它是我自己的。"但不到半年小周就关闭了公司,重新去为别人工作。他说:"自己开公司太麻烦,太复杂,根本不适合我的个性。"

三年下来,小周的同学都逐渐成为所在公司的得力干将,而他由于缺乏用心却不断地换着工作,一事无成。

在职场中,没有用心是一种普遍的工作心态,而成功者的秘诀就在于他们用心。改变职场命运,首先要从改变态度开始。如果怀着强烈的用心和工作责任感,就能从工作中积累更多经验,获取更多薪水。享受更多快乐,最终实现职场生涯的飞跃。

在职场中,每个人在刚参加工作时,工资待遇不高,而且做最基础的工作,正是因为这样才能有更多的锻炼机会,才能学到扎实的基本功,为今后的人生道路和职业生涯打好坚实的基础。所以一定要珍惜每一个工作机会。刚刚步入社会的年轻人们，一定要放弃“做一天和尚撞一天钟”，“拿多少钱，做多少事”的想法。对于薪水的问题，不能简单地理解为“今天我们拿多少的钱，就应该做多少钱的事”。如果反过来思考一下，我们做了多少钱的事，是不是就只能拿多少钱呢？当你为工作付出很多时，那么加薪就是自然的事情了。

小钱是一名老家在西部山区的大学生，出于对大城市的向往，毕业后小钱就来到北京，在中关村一家电子公司找了份质检工作，刚开始每个月只能挣2500元，而且还不管吃住。小钱为了每月的花销，不得不在离公司远一些的地方租房。

这样一来，必须早出晚归的上班。他的朋友们都劝他换一个工作，说这样低的工资不值得他如此卖力。可是小钱始终没有放弃，从不抱怨自己工资太低。只是在埋头苦干，还告诉他的朋友们：在这儿工作虽然辛苦，工资也不高，但能学到东西。

小钱诚恳踏实的工作态度受到了公司老板的关注，一年以后，他的工资就涨到了每月7000元，并且被提拔到一个重要的部门任副经理。在新职位上，小钱继续保持自己良好的工作习惯，三年后被提升到副总经理的位置上，年薪达到50万元，成为了有车有房的成功一族。

在职场中，用心是一种态度，是一种源自骨子里的进取精神。无论你做的是什么工作，只要能认真地、勇敢地担负起责任，那么所做的就是有价值的，就会获得别人的尊重。而且，当你做好眼前的工作，敢于承担属于自己的责任时，你将会发现工作中有很多机会让你成长。

任何一项工作，无论它多么艰难，只要你用心，就能够取得成功。世界上没有做不好的工作，只有做不用心的员工。只要我们用心去做，任何工作都可以做好。

潜规则八

会干比肯干更吃香

职场成功需要智慧，员工必须学会思考，善于用智慧的头脑去解决工作生活中的一切问题。一个知名企业的老总时常这样对员工说："我们的工作，并不是要你耗费体力、耗费时间去拼命，而是要你带着大脑去工作，要巧干，而不是蛮干。"蛮力并不能解决问题，巧干却能事半功倍。在任何时候都要做一个有头脑、有智慧的员工，懂得思考，讲究方法，不一味蛮干，更不能投机取巧。

1 “智慧”比“聪明”更重要

在职场中，有人这么界定“聪明”的含义——一个人的智商高出普通人的正常值，这样的人就是我们生活中常说的聪明人。顺着这个逻辑，我们会发现很多成功的人物并不绝顶聪明，相反，他们可能还曾是差生。有个统计数字显示，他们中最多只有不超过10%的人智商超群，其余90%的智商绝对只是普通人水平。但是，他们成功了。为什么会这样呢？原来成功的人物更重视智慧。

美国总统威尔逊小时候比较木讷，镇上很多人都喜欢和他开玩笑，或者戏弄他。一天，他的一个同学一手拿着一美元，一手拿着五美分，问小威尔逊会选择拿哪一个。

威尔逊回答：“我要五美分。”

“哈哈，他放着一美元不要，却要五美分。”同伴们哈哈大笑，四处传说着这个笑话。

许多人不信小威尔逊竟有这么傻，纷纷拿着钱来试。然而屡试不爽，每次小威尔逊都回答“我要五美分”。整个学校都传遍了这个笑话，每天都有人用同样的方法愚弄他，然后笑呵呵地走开。

终于，他的老师有一天忍不住了，当面询问小威尔逊：“难道你连一美元和五美分都分不清大小吗？”

“我当然知道。可是，我如果要了一美元的话，就没人愿意再来试了，我以后就连五美分也赚不到了。”

原来如此。威尔逊只是不愿把心思放在急功近利的小聪明上，而是着眼于长远。职场中，聪明与智慧实在是两回事，聪明是一种先天的东西，总令人感到聪明人的光辉，但往往这种表面的光芒，不能令聪明人成功，所以我们经常看到很多被认为聪明的人往往一事无成。而智慧就不同了，有智慧的人未必聪明，如言塞翁失马中的塞翁，愚公移山中的愚公，他们眼里看见的不是即时的利益，而是日后的好处，因为日后的大利，他们肯去吃眼前的苦。这样的人肯定不是聪明人，但他却是一个有智慧的人。

一位自称“聪明的爸爸”得意洋洋地训斥孩子：“真笨！这样简单的题都不会做；你的老师也笨，连这样的题也没教会。来看爸爸的。”

而另一位植物学家却自称“笨爸爸”。有一天念小学的儿子持一株小草去问老师，老师也不认识这种草，但老师很诚实，很谦虚，亲切地告诉小学生：“你爸爸是个有学问的植物学家，你去向他，我也很想知道这株小草的秘密呢！”第二天，小学生找到老师说：“爸爸说他也不知道小草的名字。他说老师一定知道，可能是一时忘记了。让我再问问你。”并送上一封他爸爸写给老师的信，里面对小草做了详细的介绍。最后还附一句：“这个问题由老师来回答，想必更为恰当。”

这位植物学家在儿子面前装傻，要当一个“笨爸爸”，比起那位“聪明爸爸”要高明的多了。现在有些人在社会上总要表现出比别人强，在单位也要表现出比别人强，在家里也是如此，岂不知贬低了老师，也就是降低了老师在孩子心目中的威信，使孩子失去了对老师的信任，这样他还能跟着老师认真学习吗？能不影响他的成绩吗？从上面提到的植物学家的做法中，我们似乎可以得出这样一些道理：人虽有才，却不可以自耀，不足以自夸。就如同人有一大笔财富一样，需要时把它取出，可以解危、解难办成大事；不需要时取出炫耀，只会招灾惹祸。对自己的聪明才智应该知道在何处表现，而不是处处都要表现；应该懂得在何时表现，而不是时时都去表现；应该明白在何人面前表现，而不是在人人面前都要表现。不炫耀并不是有才华而不用,而是要像植物学家那样巧妙地使用,使你的知识真正受益于人;而不是像那位“聪明爸爸”那样如此“聪明”地滥用。

其实,智慧和聪明就像主人和仆人的关系。主人没有仆人的协助不行,会显得非常笨拙狼狈,缺乏效率。但再聪明的仆人都还是仆人,他不可能是主人。仆人需要主人的方向,没有主人的仆人,等于失去了用处。因此,我们必须通过实践去把聪明转变成智慧,因为智慧而促进实践,在智慧的基础上行动,才能够事半功倍。

英国皇家海军有一次招聘雇员,口试题目为:在一个大风雪的夜晚,你开着一辆车,经过一个车站,有3个人在等车。一位是有病的老太太,一位是救过你的医生,一位是你梦寐以求的情人。你会载哪一位?请说明你的理由。

载老太太。因为救人第一;载医生,因为知恩图报;载情人,因为可能一辈子再也碰不到。

200多位应聘者,给了各式各样的答案,有的应聘者还在答案后附加了很多理由。但最后被录取的那位的答案是:把车钥匙给医生,让医生带老太太去医院,自己留下来陪梦寐以求的情人等车。一个能想到这个最佳答案的人一定善于及时转变自己的思考模式,善于运用自己的大脑,他的答案体现出了随机应变,善于处理棘手事务的智慧。这样的员工才是企业最需要的员工。

一个人没有技能,可以拜师学艺;没有知识,可以求学问道;没有金钱,可以筹借贷款……但一个人如果没有智慧,不善于思考,那一切都将无从谈起。所以,职场成功需要智慧,员工必须学会勤于思考,善于用智慧的头脑去解决工作中的一切问题。

2 巧干胜于蛮干

一个知名企业的老总时常这样对员工说:"我们的工作,并不是要你耗费体力、耗费时间去拼命,而是要你带着大脑去工作,要巧干,而不是蛮干。"这就是说,一个优秀员工应该勤于思考,善于动脑,分析问题和解决问题,找出巧妙的解决办法,而不是一味出蛮力,事倍功半。不论工作有多么繁忙,也要腾出时间来思考,找出最为省力有效的解决方案。

在职场中,巧干是指在工作中懂得挖掘技巧、灵活解决问题的工作方法,它是一种解决问题和发明创造的能力,是一个人敏锐机智、灵活精明的反映,也是充满活力、随机应变的表现。《射雕英雄传》里面有一个情节:黄蓉被一个海蚌夹住了脚,怎么掰都掰不开,最后她抓了一把细沙放到蚌壳里面,蚌就自动打开了,因为蚌最怕的就是细沙。

可见,蛮力并不能解决问题,巧干却能事半功倍。因为巧干抓住了事情的关键,并找到了解决问题的针对性方法。因此,我们在任何时候都要做一个有头脑、有智慧的员工,懂得思考,讲究方法,而不是一味蛮干或者投机取巧。

蚂蚁向来以勤奋工作而为人们所称道,但是根据科学研究发现,蚂蚁群里面存在许多"懒蚂蚁"。这些懒蚂蚁很少干活,总是东张西望、到处闲逛。令人不解的是,大多数都很勤奋的蚂蚁为什么要养活这些不干活的"懒虫"。为了弄清楚其中的奥秘,生物学家在这些懒蚂蚁身上做了标记,并且断绝了蚂蚁的食物来源,观察蚂蚁会有什么样的反映。其结果让观察者大为惊奇:那些平时工作很勤快的蚂蚁却不知所措,而那些被做了标记的懒蚂蚁则成为了它们的首领,带领伙伴向它们平时早已侦察到的新食物源转移。接着，生物学家们再把这些懒蚂蚁全部从蚁群里抓走，随即发现，所有的蚂蚁都停止了工作，乱作一团。直到他们把那些懒蚂蚁放回去后，整个蚁群才恢复到繁忙有序的工作中去。生物学家发现，大多数蚂蚁都很勤奋，忙忙碌碌，任劳任怨，但它们紧张有序的劳作却往往离不开那些不干活的懒蚂蚁。懒蚂蚁在蚁群中的地位是不可或缺的，它们能看到组织的薄弱之处，拥有让蚂蚁群在困难时刻仍然存活的本领，使自己在蚁群中不可替代。

其实，在职场中，也同样有类似于“懒蚂蚁”那样的员工存在。他们在平时看起来非常悠闲，每周真正用在工作上的时间也非常短，但老板却愿意为他们提供很高的薪水，并且对他们赞赏有加。因此，身在职场的我们必须明白，仅有勤奋还不够，因为肯勤奋苦干的人随处可见。更重要的是，我们要学会用脑工作，善于解决企业中的难题，培养自己的核心竞争力，进而成为工作中很难替代的人。

一天，一家建筑公司的经理突然收到一份账单，账单上所列的东西不是任何建筑器材，而是两只小白鼠。总经理不由心生疑惑：公司买两只小白鼠干什么？他有些生气，找到那个买小白鼠的员工询问：“你觉得小白鼠很好玩是吗？你为公司买两只小白鼠到底要做什么？”

员工并不急于为自己辩解，而是问了经理一个问题：“上周我们公司去修的那所房子，电线都安好了吗？”

“安好了。”经理没好气地说，“你问这个干吗？快说你买小白鼠的原因。”

员工答道：“我们要把电线穿过一根10米长但直径只有2.5厘米的管道，而且管道砌在砖石里，并且拐了4个弯。当时，小王和小李费了很大劲把电线往里穿，却怎么也穿不进去。后来我想了一个好主意，到一个宠物店买来两只小白鼠，一公一母。然后把一根线绑在公鼠身上并把它放到管子的一端。另一名工作人员则把那只母鼠放到管子的另一端，并且逗它吱吱叫。当公鼠听到母鼠的叫声时，便会顺着管子跑去救它。公鼠顺着管子跑，身后的那根线也被拖着跑。我把电线拴在线上，小公鼠就拉着线和电线穿过了整个管道。"

经理听了恍然大悟，惊喜万分，他想不到这个员工原来这么有头脑。从此，这个员工就成了经理身边的红人，一直被老板重用。

职场中成功的潜规则很简单，就在于善于开动脑筋去想办法，用智慧去解决问题。只要我们在工作中主动运用我们的大脑，好方法就会泉水般涌出，我们也会在职场中找到属于自己的最佳坐标。

3　才不可露尽，关键时刻露一手

我们知道有些动物在不断进化中，为了有效地保护自己，发展成种种保护色，即能在不同环境中使自己变换不同颜色，同周围的色彩一致，从而达到避免危险、保护自己并攻击弱者的目的。动物尚知如此，人，怎么能在人面前完全暴露自己，成为"不设防城市"呢？

职场中很多刚走上工作岗位的人，不懂得这种心理，往往希望从一开始就引人注目，夸耀自己的学历，本事，才能，即使别人相信，形成心理定势之后，如果你工作稍有差错或失误，往往就被人瞧不起。试想，如果一个本科生和博士生做出了同样的成绩，人家会更看重谁？人家会说本科生了不起。你博士的学历高，理应本领高些，可你跟人家一样，有什么了不起的？心理定势是难以消除的。所以，刚走上工作岗位或新的岗位的人，不应当过早地暴露自己，当你默默无闻的时候，你会因一点成绩一鸣惊人，这就是深藏不露潜规则的好处。

某高校，一个系里有两位成果颇丰的青年教师，一个爱吹嘘自己的成就，逢人便说又发表了几篇文章，学术成就多高，另一个人几乎总是回避关于这个问题的提问，或者轻描淡写地说不多不怎么样。其实两个人在各自的学术领域里都已崭露头角，而后边的那个人的文章更经常成为学术界评议的对象，但他始终不吹嘘炫耀自己。结果，两个人都抱着一摞杂志到系里申报职称，别人却说："你整天吹嘘炫耀自己发表了多少多少文章，按数目早就远远超过这些了，怎么才这么多。看看人家，平日一声不响，谁能想到他会发表这么多文章呢？"尽管两人数量差不多，但后来还是第二个人先晋升了。

在职场中，平时要学会低调，但关键时刻也要敢于露一手才能。比如，上司一般都不太喜欢平庸无能的下属。所以让你的上司知道你的工作能力、真才实学就显得非常重要。除非在某些可有可无的官僚机构，否则仅有心地善良、态度认真、唯命是从等"特长"是不会受到上司器重的，而必须有"真本事"才行。比如在商界，这是个讲求效率的世界，如果你做事慢吞吞，谨小慎微，无法提高效率，那么无论你心地如何好，工作态度如何认真，上司也不会看重你。所以我们在工作中，对于上司交给的任务，不仅要一丝不苟地对待，更要干脆果断地圆满完成。如果你被上司认定是工作不紧不慢、萎靡不振、爱发牢骚或只会说恭维话的人，那么你作为这位上司的下属，就永远难以翻身。"事实胜于雄辩"，只有你干出真实的成绩，才能让上司认为你是一个了不起的人。

安德烈是美国宾夕法尼亚州一座停车场的电信技工。一天早上，调车场的线路因为偶发的事故，陷于混乱。

此时，他的上司还没上班，该怎么办？他并没有"当列车的通行受到阻碍时，应立即处理引起的混乱"这种权力。如果他胆大包天地发出命令，轻则可能卷铺盖走路，重则可能锒铛入狱。

一般人可能说："这并不干我的事，何必自惹麻烦？"可是安德烈并不是平庸之才，危急时刻他并未畏缩旁观！

他私自下了一道命令，在文件上签了上司的名字。

当上司来到办公室时，线路已经整理得同从来没有发生过事故一般。这个见机行事的青年，因为露了漂亮的这一手，大受上司的称赞。

公司总裁听了报告，立即调他到总公司，连升数级，并委以重任。从此以后，他就扶摇直上，最后成为了公司老总。

安德烈事后回忆说：

"初进公司的青年职员，能够跟决策阶层的大人物有私人的接触，成功的战争就算是打胜了一半——当你做出分外的事，而且战果辉煌，不被破格提拔，那才是怪事！"

在职场中，我们不难发现，那些口若悬河好出风头，心中藏不住半点秘密的人一定是非常浅薄的。时间长了，也令人反感乃至厌恶。相反，那些看来口讷笨拙或者总是隐藏自己才干的人，却往往成竹在胸，计谋过人，关键时刻更容易成功。

4　方法总比问题多

职场上，有些人总是习惯说："这是不可能的"，"那是没有办法的事情"。其实未必，只要有问题，就会有解决的方法，而且方法一定比问题多。即便是看起来根本不能解决的问题，如果积极思考，也能寻找到妥善解决的方法。就好像有人说，天下乌鸦一般黑，你没有异议吧？究其原因，就在于"爷爷告诉的"、"书本上写的"等等旧观念束缚了世人的头脑。可是。最近国内外有许多报刊报道说，在世界不少地方都发现了白乌鸦。但是，这个"天下乌鸦一般黑"的旧观念让人们形成了思维定势，甚至对新发现的“白乌鸦”充满质疑。这种情况其实并不罕见,有的人受思维定势的影响难免变得固执己见,不能与时俱进,很多人好似撞上了“鬼打墙”,在一个圈子里走不出来。

在职场中,由于长期的思维实践,每个人都形成了自己所惯用的模式化的思考,当面临外界事物或现实问题的时候,我们往往不假思索地把它们纳入特定的思维框架,并沿着特定的思维路径对它们进行思考和处理。其实,有时换一个角度,往往有意外的收获。

美国鼎鼎有名的女律师詹妮芙·帕克小姐曾打赢了一场别人都认为不可能赢的官司。当时,一位名叫康妮的小姐被美国“全国汽车公司”制造的一辆卡车撞倒,导致康妮小姐被迫切除了四肢,骨盆也被碾碎。但是,在法庭上,康妮小姐说不清楚自己是在冰上滑倒摔入车下,还是被卡车卷入车下,对方的辩护律师马格雷先生则巧妙地利用了各种证据,推翻了当时几名目击者的证词,康妮小姐因此而败诉。

深感绝望的康妮小姐向詹妮芙·帕克求援,詹妮芙调查了该汽车公司近5年来的15次车祸——原因完全相同,该汽车的制动系统有问题:紧急刹车的时候,车子的后轮会打转,以至于把受害者卷入车底。

于是,詹妮芙决定为可怜的康妮讨回公道,她找到对方的辩护律师马格雷说:“卡车的制动装置有问题,你故意隐瞒了它。我希望汽车公司拿出200万美元来给那位姑娘,否则,我们将会提出控告。”

马格雷是一名非常有经验的律师,他听了詹妮芙的质疑,并没有反驳而是说:“好吧,不过,我明天要去伦敦,一个星期之后才能回来,到时候我们再来研究一下,看看具体怎么做。”

詹妮芙想只要对方肯谈就有希望,于是她耐心等了一个星期,可是约定的时间到了,马格雷却没有露面。詹妮芙感到奇怪,她看到了日历,才恍然大悟,原来诉讼时效已经到期了。

詹妮芙几乎快被气疯了,心里直骂马格雷卑鄙,但也无可奈何。于是她问秘书:“准备好这份案卷要多少时间?”秘书回答:“至少也需要三四个小时。现在已经是下午一点了，即使我们用最快的速度草拟好文件，再找到一家律师事务所，由他们草拟出一份新文件，交到法院的时候，也已经来不及了。”

该死的，自己怎么没想到诉讼时效呢？詹妮芙急得团团转，忽然，她想起“全国汽车公司”在美国各地都有分公司，为什么不利用时差把起诉的地点向西移呢？隔一个时区就差一个小时啊！位于太平洋上的夏威夷在西十区，与纽约的时差整整有5个小时，詹妮芙立即决定在夏威夷起诉。

赢得了时间，法庭上，詹妮芙以雄辩的事实，催人泪下的语言，使陪审团的成员们大为感动。最后，陪审团一致裁决：康妮小姐胜诉，“全国汽车公司”赔偿康妮小姐600万美元损失费。

在职场中，寻找解决问题的方法是不容易的，但是方法总是有的，只要我们用心去思考。工作中的难题也是一样，我们在工作中也要坚持这样的原则，方法总比问题多，有问题就必定有解决的方法。

李群刚刚大学毕业，找了一份业务员的工作，产品的销路不错，但就是讨账难。有一家客户买了公司10万元的产品，半年了还没有付款，催了无数次，他们总是找各种理由推到下一周，下一个月。眼看临近年关，公司派业务员去讨账，李群和同事小张被安排对付那家难缠的客户。

他们俩软磨硬泡，想尽了办法。最后，客户终于同意给钱，叫他们过两天来拿。两天后他们赶到时，对方给了一张10万元的现金支票。他们高兴极了，拿着支票就到银行去取钱。工作人员却告诉他们说，账上只有99800元，很明显，这是对方耍的花招，因为如果账上的钱数目不够，是无法兑现的。怎么办？明天就要春节放假了，钱取不出来，就要拖到第二年了。看到一张不能兑现的支票，同去的小张说：“唉，又白忙活，回去吧。”

但是李群说：“别着急，我们再想想办法。”

“还能有什么办法？明明就是一张不能兑现的支票。”小张不屑地说。

李群想了一会儿,最后终于想到一个办法,他从钱包里拿出了 200 元钱,存进了客户公司的账户,这样账户里就有了 10 万元,随后他和小张立即兑现了支票。

李群带着这 10 万元回到公司时,董事长对他大加赞赏。5 年后他当上了公司的副总经理,后来又当上了总经理。可以说,李群在公司能得到晋升和发展,和他善于解决问题是有关的。

职场中没有做不到的事,只有想不到的事。工作中没有解决不了的问题,只有不肯思考的人。优秀的员工之所以能获得晋升,就是因为他们敢于面对问题,不断超越自我,积极地寻找解决问题的方法,以“主动解决”的韧劲,全力以赴攻克难关。所以,在职场中只要你不放弃,肯动脑,解决问题的方法总是有的,而这些方法一定会让你有所收益。

5 问题就是机会

职场中,决定你人生高度的不是你的学历、背景、资历、经验,而是你看事情的角度。工作本身是没有问题的,障碍是由你的主观观念造成的。

一位员工培训专家讲道:

我在一个企业给员工上培训课时候,认识了秘书小吴,她对我说,她从小就喜欢和文字打交道,所以毕业后就做了文秘这份工作。每天的工作就是给客户回复电子邮件,刚开始她很兴奋,觉得自己找到了喜欢的工作。但是因为客户提出的问题都是大同小异,回复的内容自然也是相差无几,公司为此就制定了一个专门的模板,她只要按照固定的格式填进不同的抬头和时间就行了。她说她现在对这份工作非常厌倦,想要辞职,但是又不知道该换什么工作，问我该怎么办。

我对她说："其实，即便是从事自己喜欢的工作，也会因为各种原因而产生厌倦心理。你现在就遇到了这样一个问题，逃避不是办法，不如积极地去找到问题的根源，解决它，也许就能将它变成一个发展的机会。"

半年后，小吴和我联系，她高兴地说："林老师，谢谢您曾给我的指点。"原来，她听了我的话后，开始重新审视自己的工作，她发现自己之所以觉得工作枯燥乏味，很大程度上是因为那个事先制定好的模板，她决定改变自己的工作方法。

从此，她不再用模板里统一的内容，而是针对不同客户回复不同内容的邮件，将每一封回信都当作一次练笔的机会。这样一来，她发现给客户写信其实是一件非常有意思的事情，因为每个客户都有不同的个性，有的幽默风趣，有的文采飞扬，有的知识渊博……她开始对工作产生了兴趣，并开始学着根据客户写信的语气、格式，甚至其选择的信纸风格去研究客户的心理，进而给予不同的回复。慢慢地，她和很多客户成了朋友，他们也经常回信夸奖她的文笔好。不久，她被提升为主管，因为她为公司争取到了好几个大客户。

在职场中，大多时候，问题带给人的第一感觉就是烦恼，第一反应就是抱怨。比如，老板最近总是指出你工作中的错误，你怀疑他是不是对自己有成见；新来的一个同事连升三级，你怀疑他会不会是老板的亲戚；你遇到一个啰嗦又苛刻的客户，你想他是不是在故意找茬。遇到这些问题，你的情绪就会不由自主地变得低落、消极，失去了工作的积极性和热情。

其实，问题并不一定都像你想象的那般糟糕，换个角度，也许就能豁然开朗，如同山重水复疑无路之时，忽有柳暗花明又一村。老板指出你的错误，让你进步不少；那个连升三级的同事，的确有过人之处；连这么难缠的客户都能对付，还有什么客户不能搞定？工作中，总会有让人烦心的各种问题，换一个角度去看，问题也代表了机会，这样你的价值将会因此而不同。

6 不要等机会,要主动制造机会

古人云:“时不待我,机不再来。”在职场中机会不等人,该出手时就得出手。对员工来说,工作不动脑筋,就是守株待兔,机会来了也会从手边溜走。而灵感迸发,抓住机会,就可能跟幸运之神撞个满怀。

有个神仙托梦告诉一个人,他身上将会发生几件大事,他将由此获得金钱财富、令人仰慕的地位以及娇美的妻子。

这个人终其一生都在等待这个奇迹的承诺,奇怪的是,他的生活平平淡淡,日子过得苦不堪言,更甭说发生什么大事了。他死后来到了天堂,见到那个神仙后,他有些生气地说:“你曾暗示过我将得到的那些东西,为什么我等了一辈子都没有看到呢?”

神仙说:“当初我只承诺过要给你机会得到这些东西,可你却让机会从身边溜走了。”这个人迷惑了。

神仙解释说:“你记得曾经有次想到了一个好点子,但你因害怕失败而没有行动吗?”这个人点点头。

神仙继续说:“正因为你的裹足不前,这个点子被另外一个人采用了,他由此获得了巨额财富,成为全国最有钱的人。还有,你还记得一次城里发生大地震,多数的房屋倒塌,好几千人被困在倒塌的房子里。你有机会去拯救那些存活的人,但你担心小偷趁你不在家的时候偷你家里的东西,所以只守在自己家门口?”这个人面露尴尬的神色。

神仙说:“你完全可以在那次地震中救出几百个人,并获得极大的尊荣!”

神仙又问:“你还记得那个漂亮的蓝眼姑娘吗?你暗恋她却不敢表

白，因为你怕遭到拒绝？"

这个人又点点头。

神仙说："你知道吗？你和她本应成为夫妻的，你们还会有好几个漂亮的小孩。"

就像故事中的那个人，他完全可以拥有财富、名气和幸福美满的家庭。可是，当机会来到他的身边时，他退缩了，结果，一切所谓的"奇迹"都没有发生。他的一生过得很凄苦。

看完这个故事，你是不是也联想到了自己，如果当年怎样现在就会怎样。我们经常为自己过去没有做某些事情而悔恨莫及。但是，你怎么不想一想，机会多是需要自己制造，自己把握的？

据说拿破仑在打了一次胜仗之后，有人问他：如果有机会，你是不是还要打一场漂亮的仗？拿破仑说："什么是机会，机会是人创造的。"人生中只要能够主动出击，到处都存在着机会。工作中的每一个难题、报纸的第一篇文章、每一个客人、每一次演说、每一项贸易，全都是机会。可是我们经常像故事里的那个人一样，或是因害怕而停止了脚步，或是守株待兔，寄希望于机会。我们要虚度多少光阴，才懂得后悔？人生中机会从不会给没有准备的人，你失掉了，自有别人会得到。

A在合资公司做白领，觉得自己满腔抱负没有得到上级的赏识，经常想：如果有一天能见到老总，有机会展示一下自己的才干就好了！

A的同事B也有同样的想法，他不光想，还打听老总出现的场合、时间，并尽量使自己遇到老总，有机会可以打个招呼，或是聊个天。

他们的同事C更进一步。他详细了解了老总的奋斗历程，弄清老总毕业的学校、行事风格、关心的问题，精心设计了几句简单却有分量的开场白，再算好时间去乘坐电梯，跟老总打过几次招呼后，终于有一天跟老总长谈了一次，不久就争取到了更好的职位。

在工作中,我们不要抱怨没有加薪的机会,没有升迁的机会,没有发展的机会,其实公司给我们每个人的机会都是平等的,就看你有没有抓住这些机会的意识。这也是职场里的潜规则。美国钢铁大王卡内基说过一句名言:机会是自己努力造成的。任何人都有机会,只是有些人善于创造机会罢了!没有机会就要制造机会,社会、企业只能给你提供道具,而舞台需要自己搭建,演出需要自己排练,能演出什么精彩的节目,有什么样的收视率,决定权在你自己手里。

7 变则通,通则活

职场中,很多人会告诉你,做事要有恒心,要有韧劲,这没错。但是,很多时候,你会因此而固执己见,不知不觉中,一条道儿走到底。事实上,在职场中坚持一个方向走到底是不太现实的,有时候,环境变化得太厉害,你还不得不另辟新路,不然,你定然会栽跟头。认识这个潜规则,巧妙的应对这些,很迫切。总之,职场充满变数,我们无法提前预知,但是我们可以为此做出改变。变通是天地间最大的智慧,是才能中的才能。对于善于变通的人而言,这个世界上不存在困难,只存在着暂时还没想到的方法。职场中,学会变通,你就不会无路可走。

有甲乙两个年轻人,他们一起去外地做生意。他们先到了一个生产麻布的地方,甲对乙说:“在我们家乡麻布是很值钱的东西,不如用所有的钱买麻布,带回家乡去卖。”乙同意了。甲乙两人把买到的麻布捆绑在驴子背上。

接着,他们到达了一个盛产毛皮的地方,那里正好缺少麻布,甲对乙说:“毛皮在我们家乡是更值钱的东西,我们可以把麻布卖了,换成毛皮!”

乙却极力反对，甲只好把自己的麻布换成了毛皮。

不久，他们到了一个生产药材的地方，那里急需毛皮和麻布，甲又对乙说："药材在我们家乡是更值钱的东西，你把麻布卖了，我把毛皮卖了，换成药材带回故乡一定能赚大钱的。"

乙依旧不肯。甲把毛皮都换成了药材，还赚了一笔钱。

后来，他们来到一个盛产黄金的城市，药材和麻布欠缺，但黄金很便宜。甲建议道："我们把药材和麻布换成黄金，这一辈子就不愁吃穿了。"

乙再次拒绝了。甲把手中的药材换成黄金，又赚了一笔。

到了家乡后，乙卖了麻布，利润很小，与其长途跋涉所付出的辛苦不成比例。而甲却成了当地的一个大富翁。

甲乙二人之所以会大相径庭，就在于乙不懂变通。所谓变通，顾名思义，就是以变化自己为途径，通向成功。种子落在土里长成树苗后最好不要轻易移动，一动就很难成活。而人就不同了，人有脑子，遇到了问题可以灵活地处理，直的不行，就要想横的，横的不行，再倒过来想。想法总是要灵巧变通，不断进行各种试验。

古人云：水随器而圆，人随水则变通。职场中我们每天面对层出不穷的矛盾和变化，如果我们脑筋太直，不会转弯，就会做出刻舟求剑般的傻事来！那如何变通呢？这就要求我们能审时度势，打破常规，有勇气应对变化挑战，还要善于改变自己的思维定势。

一天，狮王要毛驴负责开垦一块五百亩的荒地。毛驴接到命令夜以继日地干着。几天后，狮王来视察，不满地对毛驴说："都这么长时间了，你还没开垦出来，真够慢的。我命令你下月完成任务。"毛驴一听傻眼了，这怎么可能呢？

正当它愁眉不展时，狐狸跑来跟它说："老兄，你干活也要讲点策略。你看见没有？狮王每次都是在公路上转一圈便走吗？什么时候到地里去看一次了！你若听我的。先把路边的地开垦好就行，至于里边的。你再慢慢来嘛!”毛驴无奈,只得按照狐狸说得去做。一个月后,狮王来视察,对毛驴的工作很满意,当即表示要重奖它。

这个故事并不是教你如何偷奸耍滑,而是说明,在遇到棘手问题时,要像狐狸那样懂得随机应变,不要死盯着眼前的事情而束手无策。“识时务者为俊杰,通机变者为英豪。”职场成功的关键就是东方不亮西方亮,不管它是黑猫白猫,重要的是它能否逮耗子。只有这样,我们才能战胜通向成功路上的困难。

职场中,人们总是习惯用常规的思维模式去思考和解决问题,但这种一成不变的思维方式束缚或妨碍了人们的思想使工作变得死板而缺少灵活性。所以,我们要敢于打破常规,试着以一种独特的视角去思考问题,摆脱束缚思维的固有模式那么即使再大的困难也会迎刃而解,再难以落实的工作也会得到彻底执行。

潜规则九

小人物能起大作用

职场中，对于大人物我们一般都会小心翼翼地应付，不敢有半点怠慢，而对于小人物，我们往往会在不经意间弄得他们很没面子。但你要明白，小人物可能帮不上你的忙，却能够坏你的事。应当切记：不到万不得已不得罪小人物。

1 群众关系要处好

职场中,人与人的关系仿佛永远难以琢磨。认识处好群众关系这个潜规则,巧妙的应对这些,很迫切。很多人在工作能力上无人企及,可人际关系却是他们的"软肋"。如果你也是他们中的一员,那就一定要好好领会职场小人物的潜规则。

小丁与小孙同时进入某机关,两个人同样有较强的工作能力,无论领导交给他俩什么任务,他俩都能非常漂亮地完成。为此,俩人经常受到领导的表扬。但是,在同事之中,他们俩却有不同的地方:大家都喜欢小丁,有点什么事总是找他帮助。而小丁也的确为大家做了许多事,因为他谦逊又有能力,与大家非常合得来;而小孙则不同,虽然他能力也强,但大家都不太与他合得来,有什么事也不会找他帮忙,因为小孙这个人有些个性高傲。

小孙也意识到了这种差别,但他并不想改变这种状态,他以为这样很好。无论同事们怎么对自己,领导总还是喜欢自己的,有领导撑腰,他不必总是顾虑再三。况且这样也不错,他可以按照自己的个性安排一切,不必因别人的看法而改变自己的生活。而且从心底而论,小孙有些看不起小丁。小孙认为小丁那种谦让态度十分虚伪,是一种做作的表现,很俗。当然,小孙并没有把自己这种感觉表露出来,他认为无论小丁怎么做,都是人家自己的事,别人不应该干涉他。可见,小孙也是具有一定容人之量的,但可惜他没有表现出来。

就在小孙按照自己的个性生活的时候,领导说要在他们之中提拔一名宣传干事，而且这次领导有明确指示，一定要坚持群众选举，任何人不得从中作梗。面对这样一个好机会，小孙从心底认为自己应该能上去，因为他不但喜欢这份工作，而且坚信自己一定能干好，绝对不会辜负领导的厚望。但是，听说这次不是领导任命，而是由群众直接选举，他的心真的有些凉了。他明白凭自己的群众关系，自己绝不是小丁的对手，况且小丁在搞宣传的方法上也有其独到的能力。小孙认识到了这种差距，但他不是一个小肚鸡肠的人，即使他明白自己有不足，他也要进行一番公平竞争。

结果正如他所预料的那样，小丁几乎以全票得到了这个职位。

其实要是小孙去了，工作照样能做好。一个本来平等的机会，结果由于两者个性和人缘不同而导致巨大的偏差。这个教训值得每一个人认真思索。

在职场里，只要你在单位中有人气、群众关系好，升职也好、加薪也好，都要容易得多。同事关系好，本是好事。大家来自五湖四海，为了一个共同的目标走到一起来了，心往一处想、劲往一处使，团结互助当然是好的，但是切记同事之间拒绝亲密。同事就是同事，不是朋友。交朋友，除了志趣相投外，忠诚的品格是最重要的，一旦你选择了我，我选择了你，彼此信任、忠实于友谊是双方的责任。同事就不同了，一般来说.如果不是自己创的业，也不想砸自己的饭碗，那么，你是不可能选择同事的，除非你在人事部门工作。所以，你要处理好与同事的人际关系，否则容易影响工作。

2 只要真诚,总能打动人

一则寓言说:

有只小猪,向神请求做他的门徒,神欣然答应。刚好有一头小牛由泥沼里爬出来,浑身都是泥泞,神对小猪说:"去帮他洗洗身子吧!"小猪讶异的答道:"我是神的门徒,怎么能去侍候那脏兮兮的小牛呢!"神说:"你不去侍候别人,别人怎会知道,你是我的门徒呢!"

职场中要得到别人尊敬很简单,只要真心付出就可以了。人与人之间融洽的感情是心的交流。肝胆相照,赤诚相见,才会心心相印。圣经上说:你想要别人怎样待你,你就要怎样待别人。只要你付出了真情,朋友才会以真情待你,双方的关系才能得以持续、稳固、健康的发展。

在职场中,真诚是为人的根本。那些取得巨大成功的人都有许多共同的特点,其中之一就是为人真诚。如果你是一个真诚的人,人们就会了解你、相信你,不论在什么情况下,人们都知道你不会掩饰、不会推托,都知道你说的是实话,都乐于同你接近,因此也就容易获得好人缘。

与人相处,以诚为贵。与人打交道时,你存在防备、猜疑的心理,不能敞开自己的胸怀,讲真话、实话,总是遮遮 掩掩、吞吞吐吐、令人怀疑,是无法搞好人际关系的。

因此,当同事需要你时,你要尽心尽力予以援手;当他无意中冒犯了你时,你要抱着宽容大度的心情,真心真意原谅他;他有求于你时,要毫不犹豫地帮助他。或者,你会问:"为什么我要待他这么好?"答案很简单,因为他是你的同事，你每天有三分之一的时间跟他在一起，你能否从工作中获得快乐与满足，是否敬业乐业，同事们是很重要的参与者。

美国心理学家安德森曾经做过一个试验，他制定了一张表，列出550个描写人的品性的形容词，让大学生们指出他们所喜欢的品质。

试验结果明显地表现出，大学生们评价最高的性格品质不是别的，正是“真诚”。在八个评价最高的形容词中，竟有六个（真诚的、诚实的、忠实的、真实的、信得过的和可靠的）与真诚有关，而评价最低的品质是说谎、装假和不老实。

安德森的这个研究结果具有现实意义。在交往中，人们总是喜欢诚恳可靠的人，而痛恨和提防口是心非、虚伪阴险的人。真诚无私的品质能使一个外表毫无魅力的人增添许多内在吸引力。人格魅力的基本点就是真诚。待人心眼实一点，守信一点，能更多地获得他人的信赖、理解，能得到更多的支持、帮助和合作，从而获得更多的成功机遇，最后脱颖而出，点燃闪亮人生。

职场中以诚待人，能够在人与人之间架起一座信任的心灵之桥，通往对方心灵彼岸，从而消除猜疑、戒备心理，把你作为知心朋友。我们在工作中应充满真诚，离开了真诚，则无友谊可言。一个真诚的心声，才能唤起一大群真诚人的共鸣。英国专门研究人际关系的卡斯利博士这样指出:大多数人选择朋友是以对方是否出于真诚而决定的。

职场中人与人的感情交流具有互动性。一个人如果要想与人成为知心朋友，首先得敞开自己的胸怀。要讲真话、实话，切忌遮遮掩掩、吞吞吐吐、令人怀疑，以你的真诚去换取别人的真诚。请记住:职场中只有真诚对待对方，才能赢得对方的信赖。

3 不要明显的厚此薄彼

职场环境和校园环境大大不同,在学校里你可以完全按照自己的好恶选择结交什么样的朋友,和什么样的人划清界限。但是在职场,却不宜有太过明显的好恶,和某个人走得太近不但不会为你获得一个珍贵的朋友,或许还会给你带来麻烦。因为在工作环境中,大家最重要的不是感情,而且理性的合作。对于刚刚涉足职场的新人,尤其要注意均衡处理与身边人的关系,对待同一部门的人,决不可厚此薄彼。

员工小张讲道:

一次公司里领导突然提出每天买些水果、饼干、饮料之类东西放在饮水区旁,以便大家下午饿了的时候可以充充饥。这本是一件好事,公司安排我们办公室人员买这些食品。昨天是第一次采买,我就和一女同事商量着买了些各种口味的饼干、每人一个苹果和两大瓶饮料,结果刚买回来,公司负责采购的那女孩就开始发作了,一会儿说买饼干太奢侈了(其实最后她吃的饼干最多),一会儿说这个不需要买那个不需要买太花公司钱了,总之挑三拣四搞得我和一起去购买的女同事都非常不愉快,最后她又宣布从今后购买食品的事由她负责了。

一天,小张一大早刚到公司,就听到这个采购同事在办公室骂人,原来是跟外面技术部的一个女同事吵架了。吵架缘由非常简单:公司总共20多个人,她在买食品的时候除了普通饼干外另外单买了四罐王老吉凉茶,自己一罐另外三罐分别分给三个男同事,这时那技术部女同事也想喝,而这个采购的同事则坚持要分给男同事,于是就吵起来了。

为这种事情吵架我觉得简直浪费生命，虽然对于这个采购同事的很多所作所为我也非常看不惯。这个同事总喜欢把公司的公共财产当成自己的，把一些鼠标、键盘之类的都藏起来，每当有新的男同事进公司就会主动去询问要不要换个好点的键盘鼠标，要不要鼠标垫等，而女同事哪怕电脑配件用坏了跟她要也得说好几次才行，很多工作明明是几个同事共同完成的，她也敢在领导面前说是她一个人做的，有时候工作出了差错证据明明白白摆在面前她也敢说自己绝对没有做错。

其实这个女孩并非一无是处，她活泼的性格以及有时候半开玩笑半撒娇的方式常能为公司争取到一些额外小利益，可她对人下菜碟目中无人的处事方式以及口没遮拦的性格必将令她的优点大打折扣。

职场生存是最残酷的事情！原则、理想、好恶都要靠边站！在一个团队中，要混得好，就不能搞小团体，厚此薄彼总会让你失去一部分人的支持和认可。所以做一个聪明的职场人，必须明白均衡的重要性，学会和团队中的每一个人和平相处，才是生存之道！

虽然每个人都有选择朋友的权利，但是在职场你要注意了，大家都在一个团队，和某个人走太近，很可能被其他人所疏远。而要在职场路上走得更远，必须学会对身边的人一视同仁，和大家保持一种均衡的状态。因为很多时候，我们身边那些搞小团体的人最后都会被整个团队所抛弃。

有人的地方就有江湖。职场也是江湖，这里有着各式各样的人，各种各样的小团体，永远都避免不了的利益之争，所以，有人的地方就会有是非，只要你处在职场中，就会面临各种各样的是是非非，怎样处理这些是非，是非常重要的，处理是非的能力既反映了一个人的情商，也能反应一个人的道德水平和素质，更影响着一个人的人际关系。我们常常会听到周围有这样的评价：某某人做事真想得周到。这样的话，肯定就是对那些善于在日常交际中做得圆满者的赞赏。

4 受点委屈，化解同事的怨气

职场中，有时候在你还不知道缘由的时候，就发现有的同事已经对你满肚子怨气。这时的你可能一头雾水，但对于这样的同事你又不可能直接去问他(她)，或者问了他(她)也不会告诉你，今后的相处真是难受啊。这种表面上看来相安无事，实际上矛盾可能已达到沸点。你能感觉到这种状态的存在，在两个或更多同事之间存在一种无声的紧张感。通常，为了顾全大局，大家会忽略这小小的不快，但是有时候，这些无声的矛盾很容易升温并爆炸。

梁文是负责一个项目的组长，但是他的助手阿强似乎对他颇有意见；而对于问题的起因，梁文并不是很清楚。阿强的职责应是帮助协调梁文的会议和培训安排，可是梁义要阿强准备好发言材料时，阿强的态度却不大好。在开会的时候，阿强也不配合，总是暗指梁文的工作能力不强，当梁文问他一个数据时，他说："我已经给你提过几次了，难道你都不记得了吗?"这样的情形出现几次后，他俩的冲突终于爆发了。

小组里另一位同事因病不能上班，他的工作必须由梁文分给别的同事，他平时负责的那部分职责是由阿强安排的，梁文希望阿强告诉他一下，可阿强却没好气地说："哦，难道你没有参加会议吗?"

事到如今两人的矛盾是十分公开了，如果不解决这个问题以后相处都有麻烦。梁文和阿强还要继续合作下去，可是要解决矛盾也不是一件很容易的事。直接找他？阿强好似已对梁文有了戒心，效果一定不会很好。或者继续装聋作哑，希望事态能够好转，还是私下里和阿强对着干，利用一些机会给他穿小鞋？

可这几种方法都不是最好的，毕竟面对的是隐蔽、间接的行为，就像是在播放的收音机里发出的静电噪音一样。随着音量的增大，它很可能会引起人们的注意，如果你不采取行动，噪音就会越来越大。更糟糕的是，如果这种关系进一步恶化，危害将波及所有的人。

于是，梁文选择了一种解决方法，那就是先装作没事的样子，但是私下里找另一位同事帮忙。李刚和他俩的关系都不错，由他出面，是比较合适的，起码阿强不会对李刚抵触。经过侧面了解，原来梁文经常在阿强面前发一些无心的评论，有时不小心就伤了阿强，可阿强又是个敏感的人，虽然他不明说，但心里一直是有疙瘩的。好在李刚做了这样的中间人，之后梁文才对症下药，改善了与阿强的关系。要是当时他直接和阿强吵起来的话，估计对谁都不好，现在有了中间人协调，总算处理得不错，阿强也不再对梁文生气，毕竟还是为了工作。

当职场中出现类似不和谐的音符时，最好在事态恶化之前予以化解。同时，考虑一下，如果亲力亲为效果不好的活，能让外人帮忙也不错。职场中千万不要一味强调自己的感受，有些时候受点委屈也不是什么大不了的事。这也是职场中常碰到的潜规则，毕竟同事相处的时间是很长的，为了有个好的工作环境做点儿牺牲也是可以容忍的。

5　轻松应对他人的排挤

职场是一个小社会，不像学校或家庭那么单纯，有了职位的区别，等级的存在，就会有排挤的存在。因此，常常出现孤立某同事、排挤某同事的情况,也是不足为奇的。如果有一天,你发现你的同事突然一改常态,不再对你友好,事事抱着不合作的态度,处处给你设难题刁难你,出你的丑,看你的笑话,你就得当心了,这些信息向你传递了一个危险信号:同事在排挤你。

有些人见到同事排斥自己,就采取以牙还牙的反排斥手法:或指责人家吃不到葡萄说葡萄酸,或干脆不理睬同事,拒之于千里之外……凡此种种,都是不明智的。它只能进一步激化矛盾,置自己于孤立无援的境地。遇到这种情况要仔细分析自己遭同事排斥的原因,即使断定他们完全是嫉妒性的排斥,也不要气急败坏,要让同事有一个认可和接纳的过程,甚至有一个较长的过程。要相信随着时间的流逝,只要自己确实有真本事,有良好的品格,同事一定会愉快地接纳自己的。在遇到同事排斥时,你可能会感到委屈,这是正常的。但你应该把它埋藏在肚子里,不要专门去解释,有些事情是越解释越糊涂,越解释越可能走向反面。

因此，当你受排挤的时候要镇定,继续有条不紊地做自己的事。同时,主动向排挤你的人做积极友好的表示。他收到这种信号一定有些措手不及,会消除对你的敌意。而且,你要注意做事的分寸,在必要的时候保护和捍卫自己的利益。

此外,面对排挤,懦弱是无用的表现。你可以忍耐,但必须有自己的底线。一味忍耐的结果,就是让你成为办公室的受气包和可怜虫。

乔娜是一家软件公司刚上任的市场部主任。公司经理引领她来到一间宽敞的办公室,对着一屋子同事宣布乔娜正式走马上任,并指着一位四十多岁的女士说:"这是你的助理埃米,有什么不清楚的,请她告诉你。"

公司经理离开了办公室,埃米旋即开口:"抱歉,我今天有很多事要做,所以没有太多时间和你好好聊聊!"说完话,埃米一头埋进工作,一整天没跟乔娜说一句话。

乔娜发现,除了埃米外,办公室里的其他三个同事也对她横眉冷对,商洽工作时爱答不理，那副做派，仿佛乔娜不是他们的上司，而是给他们打杂的。

乔娜私下里去摸了摸这股不明敌意的底细，原来，这几位同事都为公司效劳了两年以上，每个人都以为宣传部经理的职位能落到自己头上，没料到这个肥缺让乔娜占了。

乔娜明白，几位同事的刁难并不是冲着自己，而是对公司的人事决策不满，于是，在办公室里持之以恒地发送着自己的友善，经过几次以德报怨的交锋，大家都为乔娜的温和善良折服，满心欢喜地接受了这个年轻的上司。

其实，在工作中，一个人才华出众又踏实肯干，得到上司的赏识是很自然的，那为什么会遭到同事的排斥呢？这时候，嫉妒是一个很容易想到的词。准确地说，有可能是嫉妒，但作为当事人，不要仅仅认为只是嫉妒，而是要冷静检视自己，反省自己的言行。

这时候，你最重要的工作就是问一下自己为什么受排挤？如果你遭受到了其他同事的排挤，必须要查找原因，然后“对症下药”。你可以从以下几点中找一下，是不是在你身上发生过：

1. 言辞过激令同事反感

如果属于这种情况，你必须认真反省，检讨自己。要想使同事改变对你的看法，就要改善自己。和同事讲话须亲近些，温和些，不要乱发言论。

在职场中要正确看待自己的才华，不要趾高气扬，颐指气使。要清楚地认识到，你有你的才华，他有他的本领。即使你确实比别人有本事，也不要把本事当作骄傲的本钱。有些人之所以遭到同事的排斥，就是因为尾巴翘得太高，根本不把同事放在眼里。

2. 与上司走的过近

在职场中，如果属于这种情况，那就有些不幸了。你只有等待机会向同事们表明自己的心迹：你与上司并没有特殊关系，主要是喜欢这份工作才应聘的，我就是我，与上司除了工作别无干系。同事们了解了你不是上司派来的探子自然就不会不理你的。

作为下属，不要过分地去亲近上司。因为过于亲近，过分感激，很容易让人误认为你是因奉承而得到赏识的。自己有才华，并在努力为公司服务，得到上司的赏识是完全应该的。只有这种心态才是正确的，也只有这种心态才能获得同事的赞赏。

3.升级招来妒忌

在职场中，如果属于这种情况，就不必太着急了。这是一种很自然的事。这就要你讲求方式，对同事的态度表现得和蔼一些、亲切一些。久而久之，大家还会乐于和你交往的。

6 不要得罪老资格

在职场里什么叫老资格？就是几乎可以不干工作，专门凭资历玩新人的人!”“老资格”和新人的矛盾在很多企业里都普遍存在。其中的原因确实有环境的因素，因为彼此生长的年代不同，享受到的待遇。遭遇的经历都不同，这也造成了彼此在思维、观念、价值观以及行为方式上的差异。总的说来，代沟是有的。“老资格”一般是不会主动和小字辈示好的.他们有一份自尊在里面。所以要想和老资格搞好关系，还是要新人做出让步。这也是职场里常碰到的潜规则。

小刘成功地通过了面试，在一家软件开发公司工作。在试用期期间，小刘被安排到设计部当陈姐的助手。这让小刘很不是滋味，因为陈姐就是典型的“老资格”。陈姐在公司已经兢兢业业干了十几年，虽然人已经步入中年，但是因为学历太低，一直没有得到公司的重用，也没有晋升的机会。眼看着那些比自己年轻的学生们一个个爬到了自己的头上，她的内心很不平衡。再加上又赶上更年期，所以脾气就更古怪。小刘的到来让陈姐感到不舒服，因为她觉得早晚小刘会取代自己。

和这样的“老资格”共事，小刘的压力也很大。面对陈姐的刁难和冷漠，小刘只能忍下来。毕竟自己还在试用期，不好得罪对方。所以就只好处处躲着她。小刘认为自己是新手，而且只是助理。因此只要在工作上认真负责，不让陈姐挑出毛病来也就是了。但是陈姐却认为小刘是看不起自己，所以不愿意跟自己交流。于是两人之间逐渐就产生了隔阂，有隔阂就会产生误解，就会造成矛盾，最后几乎成了对立面。后来在试用期考评时，陈姐提出小刘太过于娇气和傲气，不适合做助理。小刘就这样失去了很好的工作机会。

在上面的例子中，小刘因为不敢得罪“老资格”，所以采取了一种“惹不起我还躲不起吗”的态度。但是这种消极的态度恰恰是陈姐比较敏感的，所以她误会小刘看不起她。“老资格”也是人，他们想要的只是一点平衡.没有高学历不是他们的错，是时代的错。所以他们有情绪是可以理解的.新人要学会体谅这一点。如果小刘能在技术上、业务上多多向陈姐请教，让她觉得自己有能力胜任自己的工作，满足一下她领导别人的虚荣心，那么事情也不会变得那么糟。

虽然说现在是市场经济，公司讲究的是效率，看重的是利益，重视的是人才。但也会有论资排辈的现象。有些人是公司的元老，有些人确实为公司的成长和发展作出了突出的贡献。这样的人一般都已经晋升到了管理层，但是还有一种自称“没有功劳也有苦劳”的老员工。在工作中，他们敷衍了事，推卸责任，但是却稳如泰山。因为他们是“老油条”，自己有一套生存潜规则。对同事，尤其是对新来的同事，他们喜欢摆谱，喜欢炫耀，喜欢找事，当然也有挑刺儿的资本——因为他们是“老资格”。这些人在公司没有权力,但在新人面前却异常地喜欢倚老卖老,很喜欢给刚来的新人出难题,显显自己的威风。他们通过挑刺的方式使人感到敬畏,显示自己的能力,满足自己心理上的虚荣。我们在试用期阶段千万不要得罪这些“老资格”。

试用期中的新人若是对这种老资格不够尊重,恐怕是自找麻烦。那么,万一我们遇到那种难缠的“老资格”该怎么办呢?

1.不要和老资格斗心眼

既缺乏经验,又不够成熟,又没有确立自己的人脉,我们有什么资格跟他们斗呢?那些急于在老资格面前表现自己能力的新人,是幼稚的,是不成熟的。不要以为老资格都是老朽、迂腐的老学究。也不要以为他们都是倚老卖老的老顽固,更不要以为自己年轻就可以为所欲为,总是有意无意地炫耀自己年轻聪明的优势,更不要刺痛老资格的伤疤,说他们不懂电脑,不懂外语,“OUT”了,过时了。这样的态度和行为会刺痛老资格脆弱的神经。会激起他们自我防守意识,出于本能,他们会对这样的新人充满敌意。

2.适当地向老资格请教

老资格最引以为荣的是什么?是他们的经验,是他们的人生阅历。“我干工作的时候,你还穿着开裆裤呢!”,“我吃的盐比你吃的米还多”——诸如此类的话语,是老资格显示身份和优越感的口头禅。因此我们要在一些问题上去迎合他们的口味,既然他们经验丰富。那你就要请教一些书本上的知识解决不了的问题,让他们炫耀一下:既然他们阅历丰富,那就向他们请教一些生活或为人处世的道理,给他们一个机会给自己上一课。老资格的东西也不是全都是过时的糟粕,有很多智慧还是值得我们去学习的。

3.要学会利用老资格的力量

现在很多团队在培训、试用新人时,采用的是“工作指导法”,说白了就是古代的学徒制。有些团队对新人工作的绩效考评,直接交给在技能上够级别的老资格。在这样的情况下,可以说新人的前途在老资格的一句话。如果新人能与老资格和睦相处。并适度地捧一捧他们,博得他们的欢心,那么那些老资格是不会吝惜对你的褒扬之词的。因为在他们的心目中,徒弟就像是自己的孩子,虽然师傅们会担心“教会徒弟,饿死师傅”,但是一旦他们信任你,那么他们就会把自己的本领倾囊相授。

所以,当那些令人束手无策的老资格们故意刁难你时,千万不要耍小姐脾气,更不要心存偏见,多发现老资格们的长处,以平和的心态待他们,让他们成为你成功路上的拐杖,而不要把他们当成阻挡我们前进的荆棘。

7　宁得罪君子,不得罪小人

在职场中,所谓小人,就是那种品德差,心胸狭小,不择手段,损人利己之恶徒。他们动辄溜须拍马、挑拨离间、造谣中伤、结仇记恨、落井下石。在为人处世中,谁都不愿意和小人打交道,可不管你愿不愿意,碰到小人是难免的。所以在与小人打交道时,一定要小心,不要轻易得罪他们,因为小人得罪不起,得罪了他们,本来美好的一生,会被他们完全毁掉。因为那些生活在我们身边的鼠辈小人,他们的眼睛牢牢地盯着我们周围所有大大小小的利益,随时准备多捞一份,为此甚至不惜一切代价准备用各种手段来算计别人,真是令人防不胜防,说不定什么时候就会在你背后放暗箭,而能躲过暗箭的人没几个。

小宋想在出国留学之前,和恋人小薛办理结婚登记手续,可是接待他们的民政局婚姻登记处马主任说:“小宋啊,你离登记年龄还差两个月呀!法律有规定,别说差两个月,就是差两个小时都不行。”没办法,两个人一

脸惆怅地回到家里，闻听此事的他家邻居、在公安局上班的迟科长说："身份证上也没有精确到出生时辰呀，怎么会差两个小时都不行呢？这个马主任定是个口是心非的人。按照我们地方规定，像你们这种情况，是应该予以照顾的。这样吧，明天你们再去一趟，就说你的叔叔是民政局李局长的同学、公安局迟科长说马主任神通广大，体恤民情，会积极争取领导支持，给一个照顾指标的。"第二天，这种说法果然发生了效力。马主任沉思了半天，对他俩说："昨天下午，我们才接到上级文件，情况特殊的青年男女应该予以照顾。这样吧，你们填一下登记表格吧。"事情就这样顺利办好了。

这位马主任就是个典型的小人，他表面上把自己装扮成一个道貌岸然、不徇私情的人物，肚子里却装满了大鬼小鬼，为树"形象"，假话连篇。小宋俩人根据迟科长的提示，作了一下变通，从而使问题得到解决。

在职场中，"小人物"的力量汇在了一起，足以推翻任何一个"大人物"。因此，千万不要轻易得罪"小人物"，不要和他们发生正面冲突，以免留下后患。另外，还要学会与"小人物"交朋友。多一个朋友多一条路，少一个冤家少一堵墙。不要用实用主义的观点处理与"小人物"的关系，等到有事才登"三宝殿"时，就晚了。不能小看那些平日不起眼的所谓"小人物"，他们的潜能会让你大吃一惊，甚至影响到你的业绩和升迁。

在职场上，有很多能力超群、业绩突出的优秀人才，往往因忽视小人物而栽大跟头，壮志难酬。君子与小人的斗争，历来是小人的胜算大于君子。因为作为小人，他们知道自己不占天时地利甚至人和，所以，为了战胜那些自己的对手，他必须在具体操作之前经过周密的设计，计划得百密而无一疏。相反，那些正直的君子，他们以为正义在手，对大多不按常理出牌的小人总是疏于防范，做事百疏一密，有许多漏洞为小人利用，而这正是小人得志的主要原因

在职场中，小人表里不一，搞言行两张皮，玩弄两面派，所以极具欺惑

性。同这种形态的人物交往，要灵活变通。由于他们嘴上一套，心里一套，所以和他们打交道，既不能不听他们说的，又不能完全相信他们说的。如何交往，运用什么策略，采用什么方式，说出什么内容，要根据当时情况灵活变通，切不可被他们的"精彩论述"迷住了双眼，进入了死胡同。与这类人交往，首要的任务是根据各个方面的信息，分析出他的真实内心，然后再对症下药，巧妙引导。如此的话，才能够把他们带到正确的交往轨道上来，保护自己不受伤害。

8　装"恶"是一种自我保护

在职场中遇到恶人完全是司空见惯的事情。问题在于换一种思维看我们的做人处世，会发现这样一个现象：要使一个恶人不敢对你作恶，就要做出比他更恶的样子。可见，有时候，装"恶"也是自我保护的最佳武器。

有一个无赖，他仗着自己练过几天功夫，会耍几套拳脚，在小镇的农贸市场上为非作歹、为所欲为。最令人气愤的是，他总是拎了这个摊上的鸡，又拿了另一个案上的肉，却不给钱。谁要向他讨，他就说先赊着，以后一块儿给。可若有谁真向他讨要时，他便会大打出手，或是想法子弄得你无法在此地待下去。大家对这样一个无赖可谓敢怒而不敢言。

一次，这个无赖又来到市场上，他走到一个猪肉摊前，指着一块肉要摊主割下来给他，那位摊主也是位青年，听他一说，二话不讲，操起刀就在案子边的条石上霍霍地磨了起来。这个无赖见此，只好站在那等着。此时，摊边上的人开始聚拢过来，一半是看热闹，一半是想亲眼目睹一下这个无赖如何横行霸道。岂知,这位摊主磨了好几分钟还没有罢手。

此时,无赖急了,张口就骂,要摊主快点儿。只见这位摊主不紧不慢地应了一声,把磨得雪亮的刀往阳光下一摆,一道寒光直照到无赖的眼睛上去,无赖心中一惊,不由得打了一个冷战。他又催摊主快割肉,但语气明显缓和了一些。摊主操着刀,对着这个无赖想要的那块肉就砍下去,只听“刷”的一声,一大块肉齐整整的就被割了下来。更令人叫绝的是,也就这一刀,把肉中连着的骨头也一点没碴地砍断了。

见此情形,这个无赖心中又是一愣。事情还没有完,摊主把肉砍好之后,并不是像往常那样,把刀搁在案子上就算了,而是出乎意料地朝身边几尺远的一块木板上扔去。随着一声响,那把剁肉刀便插在木板上,与其他几把并排。哦,原来这是他的刀板。同样令人奇怪的是,这个无赖并没有像往常那样,拿起肉便扬长而去,而是叫摊主称了称,乖乖地把钱交了。

究竟是什么力量使摊主在忍让之中征服了无赖呢?人们自然会想到那把刀,以及摊主熟练的技艺。但是,这则故事告诉我们更多的是摊主那威武不屈的神态和玩刀的技艺,虽说摊主并没有说一句,但他却通过这种无声的语言告诉对方:我也不是好欺负的。

还有一则故事讲道:

艾子行走在一条有水的路上,看见一间寺庙,寺庙很矮小但装饰很庄严。寺庙前有一条小水沟,有一个人行走到水边,无法涉水过去。回头看庙里,就拿了鬼王的雕像横放在水沟上,踩着他过去了。又有一人到了这里,看到了这情景,一再叹息着说:“神像竟然受到像这样的亵渎侮辱!”于是亲自将雕像扶起,用自己的衣服擦拭雕像,捧着雕像放到神座上,再三拜祭才离去。一会儿之后,艾子听到寺庙中有声音说:“大王待在这里作为神仙,应当享受乡民的祭祀,却反而被愚昧无知的人侮辱了,为什么不施加灾祸给他来责罚他呢?”鬼王说:“既然这样,那么灾祸应该施加给后面过来的人。”小鬼又问:“前面的人用脚踩大王,侮辱没有比这个更大了,却不把灾祸施加给他;后面过来对大王很恭敬有礼的人,反而施加灾祸给他,为什么呢?”鬼王说:“前面的那个人已经不信鬼神了,我又怎么能加给他灾祸呢!”由此,艾子说:“鬼真的是怕恶人啊!”

职场里鬼也怕恶人,谁对他们顺从乃至屈膝,他们便得寸进尺,谁给他们以反抗、蔑视,他们反倒会稍有收敛。面对像“神鬼”一样的丑恶势力,一味地害怕逃避肯定不行,而担心其“降罪于己”或希望其“保佑自己”的一相情愿地“敬重”,却只能助长他们的嚣张气焰,这样的做法肯定也不行。唯一的办法,就是在思想上蔑视,在行动上勇敢,这也是职场生存的一项潜规则。敢对恶人进行坚决的斗争和严厉的打击,反而能保护自己的利益。

9　距离产生美

职场上,我们与别人相处的时候,一定要记得一个效应,也就是“距离效应”。由于现实世界上的一些原因,我们会产生一些距离感,这些距离可能是人为的,也可能是客观存在的。当这些距离出现的时候,我们通过一些手段,把相互之间的距离缩短,相互之间的感情不但不会出现隔阂,反而会加深。

一位老木匠教徒弟的故事就很富有哲理性。他教徒弟的时候有一个口头禅,就是“注意了,留一条缝隙”。木匠是和木材打交道的,木材的构造有纹理，因此木匠都很讲究疏密有致，黏合贴切，该疏则疏，不然易散落。如果没有处理好这些，那些装修过的房子就会出现木地板开裂或挤压拱起的现象，也就是我们常说的太"美满的缘故"。那些高明的师傅懂得合理地留一些缝隙，给那些组合的材料留足空间，这样就可以避免装修时出现的这些问题。

职场做人的道理和装修房子的原理是相通的，都讲究留出一定的空间。"距离产生美"这个道理，相信大家都知道。我们和周围的人出现矛盾的时候，不妨退一步，和对方保持一定的距离，隔一段距离去看对方，说不定会起到意想不到的效果。

美国精神分析医师布列克曾对同事间的交往打过一个精彩的比喻：两只刺猬在寒冷的季节互相接近以便取得温暖，可是过于接近彼此会刺痛对方，离得太远又无法达到取暖的目的，因此它们总是保持着若即若离的距离，既不会刺痛对方，又可以相互取暖。这种刺猬式交往形象地说明了同事之间应该保持着若即若离的距离，不要过于亲密。这一著名的"刺猬理论"成为职场很多人交往的潜规则。但是在很多时候人们却逐渐地忘记或者忽略这一准则，直到有一天吃了亏，后悔莫及了才想起来。

小赵和小冯虽然家境不同，两个人却成为知己。他们是大学同学，在学校里时只是一般朋友，进了同一家公司后，又住在同一间公寓，才渐渐成为知己。因为读大学，家里为小冯借了许多债，他就悄悄找了一份兼职，帮一家小公司管理财务。小赵发现他下班后也忙得不可开交，一问，小冯就把自己做兼职的事情告诉了小赵。

公司每年都会选派一名优秀员工到一家著名的商学院培训。根据选派条件，条件最好的小赵和小冯都被列进了候选人名单。小赵对小冯说："要是我俩都能去该多好啊。"小冯说："但愿如此。"

结果小赵脱颖而出，成为公司那年唯一选派的培训员工。小冯很失落，他非常想获得这次培训的机会，于是找老板，请求也参加这次培训。

老板看了小冯一会儿，冷笑着说："你太忙了。就免了吧。"

小冯急忙说："我手头上的项目，我会尽快完成的。"

老板沉下脸来说："那家小公司怎么办，谁给管理财务。"

小冯立即愣住了，他一时搞不明白老板怎么知道他兼职的事。他本能地辩解说："我兼职是有原因的，这并没有影响我在公司的工作……"

老板打断小冯的话说，"好了，你忙你的去吧，我还有事。"接着冲小冯摆摆手。小冯只好灰溜溜地离开。

"你太忙了"——小冯没想到这句话会成为阻止他培训的理由。老板怎么知道他兼职的事情呢，这件事那家小公司是绝对保密的，他也只告诉过小赵一个人。小冯越想越心酸，他没想到知己会出卖自己！

同事之间过于亲密，不但会像刺猬那样刺痛对方，还容易互相掌握对方的"隐私"，影响各自在公司里的发展。没有什么会比竞争与晋升更能考验友谊。一名拥有过人资历，同时严守公司潜规则的员工仍然会轻易地与晋升机会擦肩而过，这一切只源于他所谓的朋友背后的几句坏话。

我们每一个人都是有秘密和隐私的，和别人交往的时候，也不要忘记给对方留够空间，不要让自己没有隐私，也不要轻易去打探对方的隐私。如果我们越过这条线的话，就很可能为之后的人际关系埋下祸根。

"距离产生美"。不近，让人感觉生疏，太近了，缺乏安全感，真正的善于结缘就是会与人保持适当的距离，这样会使彼此之间相处的更为融洽，把握好这个"距离"的度，是门学问，也是一种技能，需要用心地体味和修炼。因此，同事之间，最好保持一定的距离。

潜规则十

难得糊涂

职场中糊涂与清醒本在一念之间，参照物不同，得出的结果自然也不同。其实，糊涂一点会使事情容易办好，这是职场里糊涂潜规则的基本思想。水至清则无鱼。如果人事事都认真，怕是没法活了，何况每一件事都得认认真真、紧紧张张，也没有人会受得了。该认真时需认真，不该认真时不认真，这才是职场的智慧。

1 职场要学点"糊涂学"

职场中立身处世,是最需要聪明和智慧的,但聪明与智慧有时候却依赖糊涂才得以体现。郑板桥说:"聪明有大小之分,糊涂有真假之分,所谓小聪明大糊涂是真糊涂假智慧。而大聪明小糊涂乃假糊涂真智慧。所谓做人难得糊涂,正是大智慧隐藏于难得的糊涂之中。"

这个世界有聪明的人也有糊涂的人,有敏感的人也有迟钝的人。有的人辛苦摸索一辈子,到老了却仍然不能领悟人生的道理;而有的人历尽艰难困苦,最终总算领悟出一些人生真谛。清代著名的扬州八怪之一郑板桥就属于后者。在他的一生中,皓首穷经,没有从圣贤书中学到多少人生真谛,却从世态炎凉和官场丑恶中总结出了一句至理名言——难得糊涂。不要小看这一句"难得糊涂",它将我国18世纪以前有关处世社交的智慧几乎一网打尽,使之成为了中国人一种典型的生存观,从这个角度来说,将郑板桥看做是我国处世糊涂学的宗师应该说是当之无愧的。在郑板桥所说的"难得糊涂"之中,"糊涂"两个字最为深奥,不明不白谓之糊涂,不闻不问亦谓之糊涂;装聋作哑谓之糊涂,好抹稀泥也可以算做糊涂;界限不清当然可以说是糊涂,而含蓄隐晦则更是糊涂的一种表现,可见糊涂的学问确实博大精深。

职场中,"难得糊涂"是一种有益的人生智慧。这里所说的"糊涂"是有别于明晰的一种人生态度,更是一种与明晰判断相辅相成的表达方式,因而具有极高的思想和实用价值。

在电影《天下无贼》中,在西北打工五年的傻根要回家盖房娶媳妇,怀揣着五年的工钱六万块坐火车回家。然而,单纯又朴素的他逢人便讲他有六万块钱，完全不相信天下会有贼。于是傻根在大家的眼里是名副其实的傻子，但傻根的种种傻话里却无不透着对他人的信任。于是，傻根的糊涂获得了贼婆(刘若英饰)和贼公(刘德华饰)尽心尽力的保护。

在职场中，你也许会认为自己比傻根聪明，但却不一定有傻根那样的福气。当然，职场中你也不一定遇到电影中那么夸张的事。但傻根以单纯和善良的态度对待人生，看起来好像很傻，很糊涂的生活态度却是我们不可缺少的一种职场智慧。

李小姐在生活中就是被笑谓“糊涂多福”的人。或许，在许多事情的处理上，李小姐让人觉得有点傻。

李小姐的一位姓王同事，年龄比她小 2 岁，看上去却比她长了 10 岁。有一次，大家在办公室闲聊，王同事问她保养的秘诀，李小姐笑对她说：“没啥，糊涂一点就行。”王同事不解。王同事是个精明能干的女人，正因为过于精明能干，处处不让人，事事都领先，在琐事中劳神费心，所以老得特别快。平时来上班，王同事很少有心情愉快的时候，不是跟婆婆为小事怄气，就是和丈夫孩子拌嘴。工作中，王同事遇到稍微麻烦一点儿、累一点的活儿，她都是想方设法地推诿，绞尽脑汁地编派名目让别人去做。结果，手不累，脚不累，却累坏了心。不少人都不愿和她共事，认为太吃亏。而李小姐却觉得年纪轻轻正是做事的时候，多干一些不算什么。时间久了，领导觉得李小姐颇有容人之量，便提拔李小姐做了科长。

想来，这也是糊涂之福。可见，糊涂一点儿又何妨？职场的智慧有时就是这样简单，它并不需要你有多精明多能干，它只要你糊涂一点。

2 拿得起，放得下

佛家的智慧告诉我们：舍得，舍得，有舍才有得。

据说，禅宗五祖将衣钵传授给自己的弟子，弟子有一日出师远行，五祖对弟子非常满意，于是送行到江边并欲亲自驾船渡弟子过江。弟子双掌合十："老师已经度我，不必再渡。"然后飘然离去，始称为六祖。

简单这一句话，六祖的境界已经在五祖之上。这就是拿得起放得下，正如我们职场上一样，身边的来来往往的人，有多少是擦肩而过，有多少是刻骨铭心。可是这些都不重要了，重要的是这些人陪我们渡过了我们人生中的一个片段，而人生的大部分路途，还是由我们自己走过来的。

纵观一个人的职场道路，大都呈波浪起伏、凹凸不平之状，难怪乎古人要说"变故在斯须，百年谁能持"了。但是，当一个人集荣耀富贵于一身时，他是否想到会有高处不胜寒的危机、有长江后浪逐前浪的窘迫呢？因此，那就不要过分贪恋巅峰时的荣耀和风光，趁着巅峰将过未过之时，从容地撤离高地，或许下得山来还有另一番风光呢！

有一个叫秦裕的奥运会柔道金牌得主，在连续获得 203 场胜利之后却突然宣布退役，而那时他才 28 岁，因此引起很多人的猜测，以为他出了什么问题。其实不然，泰裕是明智的，因为他感觉到自己运动的巅峰状态已是明日黄花而以往那种求胜的意志也迅速落潮，这才主动宣布撤退，去当了教练。应该说，泰裕的选择虽然若有所失，甚至有些无奈，然而，从长远来看，却也是一种如释重负、坦然平和的选择，比起那种硬充好汉者来说，他是英雄，因为他毕竟是消失于人生最高处的亮点上，给世人留下的是一个微笑。

有“体操王子”美誉的李宁，退出体坛后选择了办实业的道路，不也取得了令人称羡的成功吗？如同一切时髦的东西都会过时一样，一切的荣耀或巅峰状态也都会被抛到身后或烟消云散的。因此，做一个明智的人，既有“拿得起”那颇有分量的光环，也同样应当“放得下”它，从而使自己步入柳暗花明的新天地，作出另一种有意义的选择。这样，我们的人生又有什么惆怅或遗憾的呢？

我们常说一个人要拿得起，放得下。而在付诸行动时，“拿得起”容易，“放得下”却难。所谓“放得下”，是指心理状态，就是遇到“千斤重担压心头”时能把心理上的重压卸掉，使之轻松自如。职场中不顺心事十有八九，要做到事事顺心，就要拿得起放得下，不愉快的事让它过去，不放在心上。

一个人在职场中，拿得起是一种勇气，放得下是一种肚量。对于职场道路上的鲜花、掌声，有糊涂智慧的人大都能等闲视之，屡经风雨的人更有自知之明。但对于坎坷与泥泞，能以平常之心视之，就非常不容易。大的挫折与大的灾难，能不为之所动，能坦然承受，这则是一种胸襟和肚量。

所以，糊涂的潜规则启示人们要做到事事顺心，就要拿得起放得下。

3　不妨嘲笑一下自己

在职场中，自嘲是一种美德。嘲弄他人是缺德，嘲弄自己却是美德。一个善于自嘲的人，往往就是一个富有智慧和情趣的人，也是一个勇敢和坦诚的人，更是一个将自己上上下下里里外外看得很明白的人。这也是一种职场智慧。

美国总统罗斯福家有一次被盗，家里值钱的东西都被洗劫一空。罗斯福的朋友知道后,都安慰他,不要太在意。谁知罗斯福给他的朋友解释说:"亲爱的朋友,谢谢你的安慰,我现在很平安。感谢上帝,因为:第一,贼偷去的是我的东西,而没有伤害我的生命;第二,贼只偷去我的部分东西,而不是全部;第三,最值得庆幸地是做贼的是他而不是我。"

好一个庆幸:做贼的是他而不是我!按常理讲罗斯福应该谴责盗贼的不道德,可是这样也是于事无补,但罗斯福庆幸,是别人做了一个不光彩角色。人生不如意之事常有八九。面对凄风苦雨的侵袭,对待生活就应该有一颗感恩而知足的心。所以,心理学家认为,懂得自嘲的人,不但活得快乐,而且自信,心胸开阔。

有一对老夫妻,当年也是新潮一族,且不说衣着打扮时尚摩登,生活方式上也有着自己的个性爱好,比如经常出入舞厅啊,打打桥牌啊。于是在左邻右舍世俗的眼光中,该对男女的举止行为是极为扎眼。现在还是比较客气的,把新潮男女归纳为:另类。但那时人们则很鄙夷地把他们这类人统一称之为"阿飞",而且是一对"阿飞"!这对"阿飞"倒也不生气,而且飞也飞不到哪里,也踏着普通人的生活足迹活着,恋爱完了就成家,成完家后生孩子。给孩子取名时,才做了爸爸的男阿飞则开始自嘲了,对太太讲:不识庐山真面目,只缘身在此山中。既然人人都说我是阿飞,你也是阿飞,这孩子是"阿飞"成双配对后的结晶,干脆,儿子就叫"双飞"吧!太太赞同,最后他们孩子的名字就叫"双飞"!

自嘲是一种鲜活的态度,它可以使原本很沉重的东西刹那间变得很轻松无比,会让别人砸过来的重拳落在棉花上。"双飞"的父母在他人嘲笑之语说后听后不仅自嘲,且将自嘲作为一种符号和痕迹伴随着生活而不断延伸,暂不论其他,这份肚量就不可小觑。

在职场生活中,懂得自嘲、幽默的人,终究是人际交往中的润滑者,他们让单调呆板的生活增添色彩。他们所得到的并不只是笑声,更赢得尊敬和由衷的友谊。

因此，自嘲表面看来虽然自己有点吃亏，但实际上却轻易地建立亲和的形象来，周围的朋友会觉得你轻松、自在，是个“开得起玩笑”的人，因而乐于靠近你。

在职场中，自嘲是一种智慧。生活有时总不那么令人满意，如果我们一味地去追求完美，也许会患得患失，少了做人的乐趣。但是，要是我们换一种方式来对待生活，自己给自己一点安慰，以自嘲的心情来工作，也许我们会快乐得多。

4 宰相肚里能撑船

“大肚能容，容天下难容之事；开口便笑，笑天下可笑之人”。凡有弥勒佛的寺庙里，我们经常可以见到这副对联。这副对联，是讲度量的，人能达到能容天下万事万物的度量，其思想便是进入“禅”的高层境界了。度量，是对他人长处、短处和过错的一种包容。度量大，能得人心、团结人、纳众谋，以成其强大，对创造和谐的工作环境，十分有益。

日本松下公司的创始人松下幸之助以其管理方法先进，被商界奉为神明。他是一个极有胆量的人。

后腾清一原是三洋公司的副董事长，慕名投奔到松下的公司，担任厂长。他本想大有作为，不料，由于他的失误，一场大火将工厂烧成一片废墟。后腾清一十分惶恐，因为不仅厂长的职务保不住，还很可能被追究刑事责任。他知道平时松下是不会姑息部下的过错的，有时为了不大点事也会发火。但这一次让后腾清一感到欣慰的是松下连问也不问，只在他的报告后批示了四个字：“好好干吧。”

松下幸之助的做法看似不可理解，这样大的事故竟然不闻不问。其实这正是松下的精明之举。

后腾清一的错误已经铸下，再深究也不能挽回公司的经济损失。另外，在犯小错误时，大多数人并不介意，所以需要严加管教，而犯了大错误，任何人都知道自省，还用你老板去批评吗？松下的做法深深地打动了下属的心，由于这次火灾发生后，没有受到惩罚，后腾自然会心怀愧疚，对松下更加忠心效命，并以加倍的工作来回报松下的宽容。

松下用自己的宽容，换得了后腾清一的拥戴。

在职场中，宽容不会失去什么，相反会真正得到；得到的不只是一个人，更会是得到人的心。要做到宽容，领导者首先要有宽广的心胸，善于求同存异，虚心听取各种不同的意见和建议，不要总是对一些细枝末节斤斤计较，更不要对一些陈年旧账念念不忘，因为领导人的一言一行，都可以成为属下在意的对象。

在职场中，有肚量的老板懂得宽容之心在企业管理中的重要性。宽容犹如春天，可使万物生长，成就一片阳春景象。宰相肚里能撑船，不计过失是宽容，不计前嫌是宽容，得失不久据于心，亦是宽容。宽容之所以必要，一则因为宽容可以赢得下属的忠诚，保持其积极进取的心；二则因为宽容可以使自己不受一时得失的影响保持对事情正确地判断；三则因为宽容可以建立企业内部融洽的关系。

作为一个老板，首先要具备豁达、开放、包容的胸襟，而后才能事业有成。俗话说，“有多大肚量成多大事”。心胸狭窄，不懂得宽容的人，自己做事时也许会取得小小成就，做老板却是肯定不能成气候的。本来，老板与员工这种雇佣与被雇佣的关系就容易有隔阂，员工们私下里害怕被老板指责，而加倍小心，努力工作，如果老板对员工出现的每一处错都不放过，斤斤计较，就更会加剧这种恐惧。试想，一个员工和老板互为敌人的公司、企业又怎么能做好、做大呢？

在职场中，宽以待人的老板看似糊涂、软弱，实则为自身进步发展创造了良好条件，糊涂老板的精明之处，便在于此。以宽容对待狭隘，以礼貌谦恭对待冷嘲热讽。不将心思牵于一事一物，不将一丝哀怨气恼挂在心头。这是作为一位领导人理应具备的容人雅量。

"宰相肚里能撑船"，没有度量的人，是干不出什么事业，成不了什么气候的。

5　忍让是保护自己的智慧

现实职场是残酷的，很多人都会碰到不尽如人意的事情。残酷的现实需要你对人俯首听命，这样的时候，你必须面对现实。要知道，敢于碰硬，不失为一种壮举。可是，胳膊拧不过大腿。硬要拿着鸡蛋去与石头斗狠，只能算作是无谓的牺牲。这样的时候，就需要用忍的方法来迎接生活。就是学会暂时低头弯腰保护自己。

据科学家考证，有一种生长在马达加斯加的竹子一亩花期过后的种子可以高达 50 公斤。但开花结籽却要等一百多年。竹子开花时间长短也因品种而不同，最短的也在 15～20 年，但这种品种的数量很少，大多数品种都在 120～150 年开花结籽一次。这种奇特的生理现象让生物学家百思不得其解。但研究出来的结果却是简单而理性的：为了它的种子不被吃掉。喜欢吃竹花竹籽的动物很少有活得过 100 年的。

还有一种蝉，17 年一个生育周期，从卵到蛹，要在黑暗的地下等待 17 年。这种生命的忍耐真是让人迷惘而感动。竹子为了一次开花结籽要等 100 多年，100 多年的对一切的无动于衷；一只蝉蛹要等 17 年，在黑暗的地下，默默的忍耐。为了生命的完美，就要有走过漫长等待的忍耐，没有苦难与牺牲，生命的历程就失去了它的壮美。这是不是竹子和蝉想要告诉我们的生活真理？而自诩为万物之灵的人类却总在说着岁月经不起太长的等待，不懂的忍的重要。

在职场中，低头弯腰，保护了自己，强硬只能夭折的更快。风一吹便低俯的草，其实是饱经风霜，通过无数次考验的坚韧的草。人生何尝不是如此。在职场中历练过的人，都能了解这一潜规则。正如谦虚往往被看成软弱，但这种态度与其说是软弱，不如说是尝遍人世辛酸之后一种必然的成熟。那些昂然高论，不以为然的人，对这个问题，乃至人生的认识显然有限，因而表现出来的，只是一种无知的强劲，一种似强实弱的强。

从前在四川的一个镇上，两位在黑道上行走，又因琐事结下了“梁子”的袍哥刘老大与老玄狭路相逢。刘老大料到会在镇上碰到老玄，事先便邀约了一帮地痞流氓将老玄拦在街当中，劈脸一耳光，将老玄的瓜皮帽扇去丈把远，老玄的脸上也顿时鼓起五条红道，老玄还没有回过神来，几个流氓又上前一顿拳打脚踢，老玄连连后退，赔着笑脸，打着拱手不停地对几位说着好话：“诸位不要开玩笑，兄弟若有不是，到茶馆里摆摆龙门阵，没有过不了的桥，没有说不开的话嘛，大哥我们也有话好讲。”

刘老大没等他说完，又是一顿臭骂。骂完掉头走了。老玄捡起瓜皮帽，拍打拍打灰尘，戴上，面对围观的乡邻微微一笑，自言自语地说：刘老大爱喝两口酒，弄点儿出人意料的事。说着话一跛一跛地回去了。事隔不过半月，一个月黑风高之夜，刘老大家因行事张狂被一伙持枪的土匪抢劫一空，房屋焚为灰烬。而老玄忍一时之气却获得了长久的平安。

职场中，忍是一种境界，心胸狭窄的人做不到，于是就有了《三国演义》中周瑜发出“既生瑜，何生亮”后，吐血身亡的悲情故事；性格粗暴的人做不到，三句话不到，轻则粗言秽语，重则拳脚相加，伤了别人，也害了自己；利欲熏心的人做不到，整天羡慕他人的一掷千金，崇拜他人的位高权重，经不起诱惑，铤而走险，最后赔掉了自由甚至生命。

“忍”是众多有志之士的成功规则。古语有，男子汉大丈夫，能伸能屈，能刚能柔，识时务者为俊杰也。一个人如果千苦可吃，万难可赴，能忍住岁月的考验，那么即使不是英雄也会忍成英雄的。

在一个强手如林的职场世界里，忍是一种韧性的战斗，是一种做人潜规则，是战胜人生危难和险恶的有力武器。凡能忍者，必定志向远大。凡志向远大者，必定能够识大体、顾大局。而忍就是识大体、顾大局的表现。综观历史，能成就一番事业的人都懂得忍的意义。

6　吃点小亏不算什么

俗话说：“好汉不吃眼前亏。”在我们许多人的眼睛里，把“吃亏”看做是蠢人的行为，其实很多时候，我们的判断都是错误的，一些“亏”只不过是事情的表象而已。在职场里不管是大亏，还是小亏，只要对搞好工作关系有帮助的，你都可以尽可能地吃下去。

中国古代东海地方有个姓钱的老翁，他发家后要在城里买一处房产。有人对他说：“某处有所房子，已议好了七百两银子的价码，很快就售出了，您抓紧时机去把它买下来吧。”钱翁看了房子，决定出一千两银子与房主成交。

钱家的人都不理解，说：“已议好价为七百两银子，骤然增加三百两，这值得吗？”钱翁笑道：“这里面自有道理。我们原是小户人家，房主避开众多的买主而售给我们，不多付些钱，会使其他买主有怨言。况且房主也会觉得不合算，心存芥蒂。而现在我以一千两银子买下价值七百两银子的房子，既堵住了其他买主的口，使他们觉得无利可图，又使房产感到不吃亏。从此以后，这房产就可以作为我们钱家的产业而永无后患了。”钱翁买了这所房子一年后,市场整体房价上涨了一倍有余,其他的房子买主都因为卖主觉得价亏而事后要补贴,或又转手再卖,造成了很多纠纷。唯有钱家房子住得十分安稳。

这个故事中,钱翁用三百两银子买来房产的安定。从表面上看,钱翁是吃亏了,但正是由于吃了这个亏才避免了事态向不利的方向发展。正所谓吃亏是福。如今在职场中学习钱翁也很有现实意义。

工作中吃亏是福,单从字义上理解,肯定以为这是傻子的理论。吃了亏不发怒,不伺机报复已是不错了,还要让你认定是一种福气。乍一听,说不过去。其实强调吃亏是福,在这里讲究的是吃小亏,避免大亏。小亏者,眼前一时的,不会有严重后果的损失;而大亏者,乃是长远的,在今后的发展中不可挽回的损失。小亏,我们往往能一目了然;大亏,如果不是静下心来我们往往是看不到的。所以"吃亏是福"里所说的亏指的就是小亏,眼前的一点点小损失小代价,而得到的则是长远的收获。

据报载,国内软件行业的旗帜型人物求伯君做的第一桩买卖就是吃亏。他编写的打印驱动程序以2000元的价格卖给了四通公司后,四通公司将该程序以500元一套的价格卖了好几百套。

但是这位IT行业的风云人物,在谈到早年的吃亏经历时,却没有一丝遗憾,相反,还对当年的吃亏心怀感激。求伯君认为,四通公司没有薄待他,录用他做了一段时间的专职软件技术员,从而为他后来步入金山公司、开发WPS软件奠定了基础。更重要的是,这次买卖让他明白了经营在软件行业中的重要性,以后,他把金山公司总裁的位置让给了有经营头脑的雷军,自己专心搞软件开发,金山公司迅速腾飞,而求伯君也因此成为IT行业的巨富。

求伯君的吃亏经历,竟然都被当事人理解为福分,可见"吃亏是福"不是阿Q式的精神自慰,而是一种糊涂处世的大智慧。

吃亏是福关键在于心，在于不计较小小得失。生活中，懂得吃亏的人才是真正的智者。算一算，吃亏的好处还真不少呢！

工作中同事相处，有些工作难以分得很清，谁多做？谁少做？如果大家都想占便宜，那肯定有许多事情就没有人去做，这样的结果是你们这个集体的名誉受到影响，真所谓占小便宜吃大亏，如果大家都不怕吃亏，有什么事情都抢着做了，也许这次你吃亏了，也许下次他吃亏了，但是，工作都完成了，集体荣誉有了，大家感情融洽了，工作氛围好了，相比下来，虽然吃点小亏，还是收获了，是“福”。

朋友相处，也是如此，如果都想着占别人的便宜，也许你会得逞一、两次，可是，时间久了，谁还会当你朋友？朋友讲究的就是为对方考虑，虽然，“为朋友两肋插刀”是常人难以达到的境界，但凡事多想着点朋友，朋友交往不是一次两次，也不是一两天，所以也不能计较是不是吃亏，时间长了，彼此都很了解了，因为偶尔的吃亏，得到一辈子的好友，这难道不是福吗？

职场里，以吃亏来交友，以吃亏来得利，是一种比较高明和有远见的潜规则。当然，吃亏也必须讲究方式和技巧。亏，不能乱吃，有的人为了息事宁人，去吃亏，吃暗亏，结果只是“哑巴吃黄连，有苦难言。”亏，要吃在明处，至少，你该让对方意识到。这样会使朋友更心甘情愿帮助你，为你提供工作上的助力。

7　不能过于有棱角

职场中为人处世要圆。俗话说，寸有所长，尺有所短，人才亦如是。所以，待人、交友、用人，都不可求全责备，不可任意猜疑。相互之间多一点谅解和宽容，多一分理解和真诚，这正是为人处世要圆的道理。这也是一种职场潜规则。

漫步河边，可见大大小小的卵石或圆或扁，无不曲线玲珑，全无棱角。其实这些卵石先前何曾似“卵”，它也曾有过棱角峥嵘的岁月，只因它的模样很不符合潮流，以致被激流冲得栽了无数个跟头。日复一日，年复一年，它终于被磨去了棱角，磨掉了霸气，磨出了顺应潮流、不易受力的卵形。从此，此卵石与别的卵石便能和睦相处、相安无事。嶙峋之石自从磨砺成卵形之后，急流巨浪每每只与它擦肩而过，日子才能过得安稳和谐。

做人又何尝不是这个道理？职场中，有些人直来直去，有棱有角，从而不太讨人喜欢。他们往往性太直，情太真，血太热，气太傲。他们往往处世认真，不留余地；做事投入，过于突出；活力四射，难免张扬；才华过人，忘记平衡。倘若每个人都棱角突现、锋芒毕露，大家都固执偏激、与人格格不入，则这个社会的人际关系无疑将相当紧张。纷繁复杂的职场，急需人与人之间的亲和之力，所以对头角峥嵘、个性张扬的人，在无形之中便持排斥态度，个性很强的人往往会觉得活得很累。

有位内方外方的大作家在如日中天的时候，接到一位青年的来信。这位青年说，要同他合写一部小说。大作家看后，心中有点生气，他在信中毫无保留地写道：“先生：你怎么如此胆大包天呢？竟然想把一匹高贵的马和一头卑贱的驴子套在同一辆车上。”这位青年灵机一动，在回信的开头写道：“尊敬的阁下：您怎么这样抬举我呢，竟然把我比作马？”在信的后半部分，这位青年将自己的写作特长、潜力，合作的必要性、可行性以及对青年成长的影响等等一五一十地写出来。大作家接到信后，哈哈大笑起来，立即回信道：“我的朋友：您很有趣，请把文稿寄过来吧，我很乐意接受您的建议。”

“圆”即“圆融”。就是说为人处世不能过于有棱有角，该糊涂的事就糊涂，否则与人碰撞容易伤已伤人。以“圆”的方式处世，乃是抓住了万事万物的本源的一种好的方法。世界上没有一条笔直的路，所以在为人处世中,我们要树立多走弯路以迂回曲折的方式达到我们所要达到的目的的深刻观念。

阿兰·马尔蒂是法国西南小城塔布的一名警察,一天晚上他身着便装来到市中心的一家烟草店门前,他准备到店里买包香烟。这时店门外一个叫埃里克的流浪汉向他讨烟抽。

马尔蒂说他正要去买烟。埃里克认为马尔蒂买了烟后会给他一支。

当马尔蒂出来时,喝了不少酒的流浪汉埃里克缠着他索要烟。马尔蒂不给,于是两人发生了口角。随着互相谩骂和嘲讽的升级,两人情绪逐渐激动。马尔蒂掏出了警官证和手铐,说:"如果你不放老实点,我就会给你一些颜色看。"埃里克反唇相讥:"你这个混蛋警察,看你能把我怎么样?"在言语的刺激下,二人扭打成一团。旁边的人赶紧将两人分开,劝他们不要为一支香烟而发那么大火。

被劝开后的流浪汉骂骂咧咧地向附近一条小路走去,他边走边喊:"臭警察,有本事你来抓我呀!"失去理智、愤怒不已的马尔蒂拔出枪,冲过去,朝埃里克连开四枪。埃里克倒在了血泊中……

事后,法庭以"故意杀人罪"对马尔蒂作出判决,他将服刑 30 年。

一个人死了,一个人坐了牢,起因是一支香烟,警察马尔蒂和流浪汉埃里克之间发生的悲剧的罪魁就是没有圆融的心态。如果这位法国警察改变了自己的想法,这样认为:瞧!那个可怜的流浪汉需要一支烟!那么,绝对不会发生这样的事。所以,我们只要改变了自己的想法,就能改变自己的职场人生。

8 甘于从平凡小事做起

职场中，新员工进入公司之初，常常要从最低层干起，其实这是再正常不过了的事了，但是志向高远的你可能会很失望，这是年青人常有的想法。不过，你要知道，每台机器的正常运转，要依赖所有部件毫无故障地发挥作用。假如某个齿轮或螺丝钉突然失灵，整台机器都会连带受损。新员工和企业的关系也是这样，如果你做好工作中的平凡小事，对于整个工作的进步和效益必然会产生或大或小的不利影响，有时也可能会误大事。

因此，在职场里你要从日常工作中做起，养成一个甘于从平凡小事做起的工作态度。你就这想，我现在一无所有，认认真真去做好每一件事，你做得好不好，后面都有眼睛去看着你，做得好有人表扬，做得不好，大家眼睛都能看到。如果你做每件事，都会想到该这样去做，慢慢地养成了习惯，那你也就成功了。

M公司新进了两位员工，分别是刚毕业的硕士生和博士生。他们一位是伯格，另一位是凯恩。

在公司里，他们的学历是最高的，本以为到公司就会受到重用，进入重要岗位。可是安排下来的工作，令他们大失所望。他们仿佛成了杂务工，包括厕所卫生，补充办公用品，等等。于是他们便开始私下埋怨，而不同的是，伯格开始厌倦这份工作，常常打电话和留意招聘信息，随时准备跳槽，工作扔到一边，常常缺勤；凯恩虽然心里不痛快，却仍然安心工作、任劳任怨，把它作为锻炼自己的机会，相信总有一天会赢得认可。他还深入了解公司情况，学习业务知识，熟悉工作内容。

这样工作五个月后，结果可想而知，凯恩终于被调到重要岗位，结束了单调而讨厌的工作。而伯格还没另外找到工作，却已经被辞退。

在工作中，如果你想取得更大的成功，就不要忽略小事。古语云："一屋不扫何以扫天下？"这句话放在这里可以从三个方面来分析：一是大事是由众多的小事积累而成的，忽略了小事就难成大事；二是由小事开始，逐渐长才干、增智慧，日后才能干大事，而眼高手低者，是永远干不成大事的；三是从干小事中见精神、得认可，"以小见大"，"见微知著"，赢得人们信任了，才能给你干大事的机会。

职场中，一个好高骛远的人是很难成功的。我们只有先接受了困难，才能最终做好自己的工作，你如果小事都做不好，何谈大事？我们只有睁大双眼，才能看清每一份工作都具有独特的挑战性，工作并无高低贵贱之分，俗话说"三百六十行，行行出状元"。职场潜规则告诉我们，任何时候都不要惧怕从小事做事起，只要做好了你手边的工作，才能获得最真实的劳动成果。

9　与其抱怨，不如改变

有不少职场中人都喜欢抱怨。一次，智联招聘发布了一个职场抱怨状态特别调查报告。在参与调查的5000余人中，65.7%的职场人表示自己一天抱怨次数在1～5次之间。调查指出，13.8%的被调查者每天抱怨6～10次，3.7%的人每天抱怨11～15次，还有4.8%的职场人表示自己每天抱怨次数甚至高达20次以上，只有11.2%的人表示从不抱怨或没有意识到自己是否抱怨。

在我们身边，有太多的人整天抱怨道：我的工作太辛苦，薪水太微薄。

我没有可以依靠的大树，升职加薪没有我的份！我怀才不遇，学历挺高得不到重用！我的工作太枯燥了。我实在感觉不到有什么幸福可言！真累呀，我简直讨厌死这份工作了等等，这些人要么怪环境条件不够好，要么就怪老板有眼无珠，不识才，总之，每天复制着像圆周率一样的无奈和叹息！

工作中，停止抱怨看起来几乎不可能，但大家也明白，这原本是每个人都做得到的简单事情。想想看，抱怨能解决问题吗？你抱怨，等于你往自己的鞋子里倒水，使行路更难。困难是一回事，抱怨是另外一回事。抱怨除了会失去眼前的工作机会以外，很多时候不但不解决问题，还会使问题恶化。如果抱怨上了瘾。不但人见人厌，没有人愿意与你合作，自己也整天不耐烦，性格脾气也会改变。

职场是需要你理解的。你不理解职场，你就会常常有愤愤不平的感觉。没办法，职场就是如此。如果你不喜欢现在的工作，要么辞职不干，要么就闭嘴不言。不要养成挑三拣四的习惯。不要雨天烦打伞，不带伞又怕淋雨。处处表现出不满的情绪。在职场中，与其抱怨，不如改变心态。

在《杜拉拉升职记》中，杜拉拉在玫瑰休假时一个人包揽了两个主管和一个经理的活儿，加班加点埋头苦干，几乎没让李斯特费心，把项目操持得顺顺利利。可是，她做梦都没想到，李斯特却不认为她的功劳有多大，反而认为搬家是靠搬家公司，装修是靠装修公司。行政部并没起多大作用。杜拉拉真是吃力了还不讨好。

遇到这样的事谁都难免会抱怨。产生抵触情绪。但杜拉拉就没有埋怨，她觉得自己的功劳之所以被埋没，重要的原因是缺乏和李斯特的沟通，使他没有意识到部下的工作有多繁重和艰难。于是杜拉拉立刻调整了工作方式，把主要的工作任务和安排做成清晰简明的表格发送给老板，让他对下属的工作量有个概念。遇到难以处理的问题，杜拉拉就带着解决方案去找李斯特。这一番改进之后，杜拉拉的工作就好做多了。

职场抱怨是不必要的。与其到处宣扬自己有多努力,贡献有多大,不如不如把时间精力花在冷静反思上,想通了原因、想清了对策,领导对你的关注就随之而来。

工作中,抱怨的最大受害者是自己。有些人遇到问题不积极解决,不认为主动独立完成工作是自己的责任,却将诉苦和抱怨视为理所当然。试问,这样的态度。老板有什么理由给你加薪晋职?

一个故事讲:一头驴掉到了一个废弃的深井里,主人权衡一下,认为救它上来不划算,于是离开了,让它在那里自生自灭。那头驴一开始也放弃了求生的希望。每天,还有人不断地往深井里倒垃圾,驴很生气:“我已经够倒霉的了,掉到深井里,主人也抛弃我了,现在我想死也不能死得舒服点吗?”一天,它突然觉得应该改变自己的态度。它尝试着把垃圾踩到自己的脚下,从垃圾中找到残羹来维持自己的生命,而不是被垃圾所淹没,终于有一天。它重新回到了地面上。

现实有太多的不如意,就算生活给你的是垃圾,你同样能把垃圾踩在脚底下。这个世界上谁都希望含着金匙出生、投胎到好家庭、工作安排到大公司拿十万月薪这样的小概率事件最好是自己,可是,如果你不幸为平常的大多数呢?是抱怨,还是努力争取?答案当然是后者。因此,不要抱怨,努力提高自己。这才是工作正道。

10 工作不是为了金钱

哲人有言:“幸福不是指你拥有了多少东西。而是指你如何看待你所拥有的东西。”工作让我们找到自己的位置，发挥自己的作用，提升自己的价值，让我们的每一天变得充实，让我们的每一分付出变得更加有意义。你在追求什么？工作之余，你是否问过自己这句话呢？对于人生，美国的小学教材给它下了很好的定义：“人生就是一个不断追求幸福的过程。”换言之，我们不管是在学习、工作，还是在生活、娱乐，其实都是为了追求幸福。那么，我们是否可以在工作中实现自己的幸福最大化呢？

周妍是上海一家刚起步不久的会议展览公司的员工，该公司位于一所著名的办公楼里，按照目前的说法，周妍也算是一个小小的白领了。

在这家公司里，周妍做得很辛苦，很投入，经常不计报酬地加班。她终于脱颖而出，工作刚满一年就荣升为项目主管。就在此时，周妍远在日本的男友决定回国发展并与周妍结婚，周妍辛苦了五年终于修成正果，众人都为周妍而高兴：婚姻美满，事业顺达。

婚后不久周妍就怀孕了，而且是双胞胎，医生关照最好静养保胎，但这在工作超繁、压力超强的会议展览公司里是绝不可能的。周妍的先生犹豫了：“你还很年轻，事业刚刚起步，孩子我们以后还是可以有的。”周妍却一脸的坚持，“不，这是最好的礼物，我能拥有它，就是最大的幸福。”周妍义无反顾地辞了工作，得到了两个可爱的双胞胎儿子并在家照顾了儿子两年时间。

现在，周妍在虹桥区一家公司里做协调员的工作，毕竟停了两年的工作，周妍还得从头做起 。她以前供职的展览公司一跃而为沪上跨国公司，主办了上海的龙头展会，以前的同事也大都升为项目经理，职位、薪金比周妍要高得多。但周妍认为幸福的生活远比金钱更重要，依旧快快乐乐地工作着，生活着。

在新的公司里，以她的工作态度和工作业绩博得了上司青睐，家庭也建设得相当和睦。朋友们都羡慕她的生活，认为周妍将生活节奏掌握得很好。周妍无论在哪种生活情形下，都保持着一种良好的金钱心态，不患得患失，珍惜拥有。以自己现在手上拥的就是最好的角度出发，努力生

活，努力工作。结果生活、工作都很称心、完美，真是一个善待金钱的明智者。

职场里，幸福与金钱没有必然的联系。你要明白金钱只是许多东西的外壳，却不是里面的果实。它能带来食物，却带不来胃口；能带来相识，却带不友谊；能带来婚姻，却带不来感情；能带来享受，却带不来幸福。

为赚钱工作，还是为了幸福工作，这是两种完全不同的生活方法。人生在世，我们要有立足于社会的经济基础，但千万莫贪过分之财。你要学会善待金钱，享受生活。用自己的才智努力工作赚钱致富是正当的，但要注意不被钱所误，不要被钱奴役驱使。真正的幸福，只有当你真实地认识到人生的价值时，才能体会到，用金钱是买不来幸福的。

幸福不能用金钱去量化，幸福无法用金钱买到，它是蕴藏在人生深处的一种珍贵的感情 。这种感情可以在任何时候、任何地方都能感觉得到。因此，赚钱是为了活着，但活着绝不是为了赚钱。

附　录

职场心理测试(1)

注意:每题只能选择一个答案,应为你第一印象的答案,把相应答案的分值加在一起即为你的得分。

1. 你更喜欢吃那种水果?

A. 草莓 2 分

B. 苹果 3 分

C. 西瓜 5 分

D. 菠萝 10 分

E. 橘子 15 分

2. 你平时休闲经常去的地方

A. 郊外 2 分

B. 电影院 3 分

C. 公园 5 分

D. 商场 10 分

E. 酒吧 15 分

F. 练歌房 20 分

3. 你认为容易吸引你的人是?

A. 有才气的人 2 分

B. 依赖你的人 3 分

C. 优雅的人 5 分

D. 善良的人 10 分

E. 性情豪放的人 15 分

4. 如果你可以成为一种动物,你希望自己是哪种?

A. 猫 2 分

B. 马 3 分

C. 大象 5 分

D. 猴子 10 分

E. 狗 15 分

F. 狮子 20 分

5. 天气很热,你更愿意选择什么方式解暑?

A. 游泳 5 分

B. 喝冷饮 10 分

C. 开空调 15 分

6. 如果必须与一个你讨厌的动物或昆虫在一起生活,你能容忍哪一个?

A. 蛇 2 分

B. 猪 5 分

C. 老鼠 10 分

D. 苍蝇 15 分

7. 你喜欢看哪类电影、电视剧?

A. 悬疑推理类 2 分

B. 童话神话类 3 分

C. 自然科学类 5 分

D. 伦理道德类 10 分

E. 战争枪战类 15 分

8. 以下哪个是你身边必带的物品?

A. 打火机 2 分

B. 口红 2 分

C. 记事本 3 分

D. 纸巾 5 分

E. 手机 10 分

9. 你出行时喜欢坐什么交通工具?

A. 火车 2 分

B. 自行车 3 分

C. 汽车 5 分

D. 飞机 10 分

E. 步行 15 分

10. 以下颜色你更喜欢哪种?

A. 紫 2 分

B. 黑 3 分

C. 蓝 5 分

D. 白 8 分

E. 黄 12 分

F. 红 15 分

11. 下列运动中挑选一个你最喜欢的(不一定擅长)?

A. 瑜珈 2 分

B. 自行车 3 分

C. 乒乓球 5 分

D. 拳击 8 分

E. 足球 10 分

F. 蹦极 15 分

12. 如果你拥有一座别墅,你认为它应当建立在哪里?

A. 湖边 2 分

B. 草原 3 分

C. 海边 5 分

D. 森林 10 分

E. 城中区 15 分

13. 你更喜欢以下哪种天气现象？

A. 雪 2 分

B. 风 3 分

C. 雨 5 分

D. 雾 10 分

E. 雷电 15 分

14. 你希望自己的窗口在一座 30 层大楼的第几层？

A. 七层 2 分

B. 一层 3 分

C. 二十三层 5 分

D. 十八层 10 分

E. 三十层 15 分

15. 你认为自己更喜欢在以下哪一个城市中生活？

A. 丽江 1 分

B. 拉萨 3 分

C. 昆明 5 分

D. 西安 8 分

E. 杭州 10 分

F. 北京 15 分

答案：

A. 180 分以上

意志力强，头脑冷静，有较强的领导欲，事业心强，不达目的不罢休。外表和善，内心自傲，对有利于自己的人际关系比较看重，有时显得性格急躁，咄咄逼人，得理不饶人，不利于自己时顽强抗争，不轻易认输。思维理性，对爱情和婚姻的看法很现实，对金钱的欲望一般。

B. 140 分至 179 分

聪明，性格活泼，人缘好，善于交朋友，心机较深。事业心强，渴望成功。思维较理性，崇尚爱情，但当爱情与婚姻发生冲突时会选择有利于自己的婚姻。金钱欲望强烈。

C. 100 分至 139 分

爱幻想，思维较感性，以是否与自己投缘为标准来选择朋友。性格显得较孤傲，有时较急躁，有时优柔寡断。事业心较强，喜欢有创造性的工作，不喜欢按常规办事。性格倔强，言语犀利，不善于妥协。崇尚浪漫的爱情，但想法往往不切合实际。金钱欲望一般。

D. 70 分至 99 分

好奇心强，喜欢冒险，人缘较好。事业心一般，对待工作，随遇而安，善于妥协。善于发现有趣的事情，但耐心较差，敢于冒险，但有时较胆小。渴望浪漫的爱情，但对婚姻的要求比较现实。不善理财。

E. 40 分至 69 分

性情温良，重友谊，性格踏实稳重，但有时也比较狡黠。事业心一般，对本职工作能认真对待，但对自己专业以外事物没有太大兴趣，喜欢有规律的工作和生活，不喜欢冒险，家庭观念强，比较善于理财。

F. 40 分以下

散漫，爱玩，富于幻想。聪明机灵，待人热情，爱交朋友，但对朋友没有严格的选择标准。事业心较差，更善于享受生活，意志力和耐心都较差，我行我素。有较好的异性缘，但对爱情不够坚持认真，容易妥协。没有财产观念。

职场行业测试(2)

测试一下你是否适合从事冷门行业:

1. 连续几个晚上,同宿舍的另外七名同学都在热聊着一个“超级女生”这个热门话题,而你对这个话题不太了解也无兴趣,因此你无法加入他们的聊天当中。这时候,你想怎么做?

(1) 立刻详细询问“超女”是怎么一回事,然后自己加入热聊之中。

(2) 第二天上网搜索有关“超女”的信息,全面了解,以备晚上聊天用。

(3) 无所谓,没必要为了参与聊天而故意去做什么。

分析:

这道题,是测试一个人是否有追赶时尚热门潮流的心理。选择(1)和(2)的,本来自己对“超女”没多大兴趣,但为了在同学面前不显得自己太落后时代而加入他们的热聊中,说明自己太容易受周围人的影响。如果你从事的是冷门行业,那么你肯定不被周围人理解,也没有周围那么多人从事热门行业人士的那层光彩,这时候你如果特容易动摇自己,想跳槽到热门行业,那么说明你没有足够的定力,不适合从事冷门行业。选择(3)的,适合从事冷门行业。

2. 学校放暑假了,在回家的火车上,你坐在座位上聚精会神地看着你带的一本专业书。猛然抬头,发现周围的人都在用一种怪异的眼光在看你。你想了想,突然明白了:是因为周围的人看的都是报纸和杂志,唯有你在看着一本高深的书。

(1) 感觉不好意思,收起专业书。
(2) 拿出一本杂志或者向别人借来一本,跟大家一样了。
(3) 自己继续看自己的专业书。

分析:

这道题是测试你是否过于在意周围人对你的评价的。有些人过于敏感,过分在意自己在周围人心中的形象,这类人容易为了虚荣而放弃自己的原则。选择(1)和(2)的,不适合从事冷门行业;选择(3)的适合。

3.周六,你原计划参加一个成功企业家的培训讲座的。但这一天,有个生意上发财的朋友在大酒楼摆了一桌酒席邀请一帮同学,据说给每个同学发一个礼品。偏偏这一天,又有几个好友邀请你一起参加秋游采摘,费用 AA 制。你该如何选择呢?

(1) 你按计划继续参加成功企业家的培训讲座。
(2) 你接受发财朋友的宴请,还可以得到一份礼物。
(3) 跟好友一起去郊游。

分析:

这道题是测试一个人是看重长期利益还是短期利益的。郊游是纯粹休闲娱乐行为,不但没有任何实惠而且还要 AA 制花费不少钱;发财的朋友宴请自己,自己不用掏钱就可以大吃一顿,还能得到礼品,这个比郊游更实惠合算;参加成功企业家的培训讲座,可能是要花钱的,但这个对自己今后的职业生涯有帮助。因此,选择(1)的人,是不受短期利益诱惑、能看重长远发展的人,这种性格的人一旦选择从事冷门行业,他对这个行业的未来发展趋势会有自己的一个前瞻性的观点,适合从事冷门行业。

开心时刻

区　别

谁也没有料到，受人尊敬的大学问家伏尔泰竟参加了一个为人不齿的团伙的狂欢。他为自己找了一个很有说服力的理由。可第二天晚上，他们又邀请他参加。

“噢，伙计，”伏尔泰神秘地说，“去一次，不失为一个哲学家；去两次，就跟你们同流合污啦。”

岂可在乎

1717 年，伏尔泰因为讥讽摄政王奥尔良公爵，被囚禁在巴士底监狱 11 个月之久。出狱后，吃够了苦头的哲学家知道此人冒犯不得，便去感谢他的宽宏大量，不计前嫌。摄政王深知伏尔泰的影响，也急于同他化干戈为玉帛。于是两人都讲了许多恰到好处的抱歉之辞。最后伏尔泰再一次表示感激说：“陛下，您真是助人为乐，为我解决了这么长时间的食宿问题，我衷心地再次向您表示感谢。可今后，您就不必再为这件事替我操心啦。”

慢性毒药

伏尔泰的咖啡瘾很大，一生中喝了数量惊人的咖啡。有个好心人曾告诫他说：“别再喝这种饮料了，这是一种慢性毒药，你是在慢性自杀！”

“你说得很对，我想它一定是慢性的。”这位年迈的哲学家说，“要不然，为什么我已经喝了 65 年还没有死呢。”

错误的赞扬

性格放荡不羁并一贯讥讽当时大人物的伏尔泰，有一天将一名同辈作家赞扬了一番。他的一位朋友当即指出："听到您这样慷慨地赞扬这位先生，我真遗憾。要知道，就是这位先生在背后经常说您的不是。"

"这样看来，我们两个人都说错了。"伏尔泰说道。

验明牧师正身

当伏尔泰到了 84 岁高龄卧床不起等待死神降临的时候，一位牧师自作多情，走到他的床边，为他祈祷忏悔——这是为垂死者订购天国飞机票或入场券的一贯作业。但是，这位老顽固非但不领情，反而追根究底，盘问起人家的身份来：

"牧师先生，是谁叫你来的？"

"伏尔泰先生，我受上帝的差遣来为你祈祷忏悔的。"

"那么你拿证件给我看看，验明正身，以防假冒。"